新工科建设·计算机类系列教材

C 语言程序设计

林生佑　谢　昊　潘瑞芳　主　编

康鲜菜　宋　滢　副主编

電子工業出版社·

Publishing House of Electronics Industry

北京·BEIJING

内 容 简 介

本书从介绍 C 语言的基础语法开始，循序渐进地介绍了程序设计的 3 种程序控制结构：顺序、选择和循环，以及函数、数组、指针、结构和文件等内容。本书理论联系实际，注重培养读者解决问题的能力，始终强调养成良好编程习惯的重要性。本书讲解深入全面，精心设置大量例题并搭配习题，通过对解题思路的分析和代码的讲解，帮助读者巩固所学知识点、拓宽视野、学会自主思考、能够独立分析和解决问题。本书例题代码简洁，语言描述通俗易懂。读者通过学习本书内容可以逐步掌握 C 语言程序设计的基本语法、程序控制结构和复杂数据类型，还可以掌握结构化程序设计的思想和方法。

本书既适合作为高等院校与高职高专院校计算机专业学生的教材，又适合作为程序员的指导用书。

图书在版编目（CIP）数据

C 语言程序设计 / 林生佑，谢昊，潘瑞芳主编. —北京：电子工业出版社，2023.8

ISBN 978-7-121-45945-0

Ⅰ. ①C… Ⅱ. ①林… ②谢… ③潘… Ⅲ. ①C 语言－程序设计－高等学校－教材 Ⅳ. ①TP312.8

中国国家版本馆 CIP 数据核字（2023）第 125460 号

责任编辑：戴晨辰

印　　刷：三河市君旺印务有限公司
装　　订：三河市君旺印务有限公司
出版发行：电子工业出版社
　　　　　北京市海淀区万寿路 173 信箱　　　邮编：100036
开　　本：787×1092　　1/16　　印张：16.75　　字数：418 千字
版　　次：2023 年 8 月第 1 版
印　　次：2023 年 8 月第 1 次印刷
定　　价：59.00 元

前言

中国共产党第二十次全国代表大会于 2022 年 10 月 16 日在北京胜利召开，习近平总书记在大会上作报告，报告提出"健全国家安全体系"的重要内容。构建全面的国家安全体系，离不开信息与网络安全，其中也离不开计算机从业者的刻苦努力。增加学生与业界的互动，及时掌握国家与社会的需要，提高学生动手实践能力，是当前及今后一段时间内我国计算机教育的重要内容。

我国有世界上最大的工程教育供给体系，全国各高校新工科研究和实践的开展如火如荼，而"C 程序设计"是计算机专业及理工类各专业重要的基础课程之一。理论联系实际是该课程的特点。如何将理论知识应用于解决实际问题并养成良好的编程习惯是学好这门课程的重点。为适应我国计算机技术的应用与发展，以培养学生解决问题的能力为目的，作者根据多年的实际教学经验，在分析国内外多种同类教材的基础上，编写了本书。

虽然目前介绍 C 语言的教材很多，但是在多年教学实践中，作者发现一些教材的案例代码风格不统一，课后习题题量偏少。此外，很多学校的编程实践环境都采用在线判题（OnlineJudge，OJ）系统，但学生在刚接触 OJ 系统时，对 OJ 系统的使用，特别是输入/输出的处理问题较多。本书结合作者多年的编程与教学经验，特别根据近几年教学改革的实践及对人才培养的要求，对 C 语言程序设计内容做了一定的优化、补充和完善。本书将例题分为两种类型：一种为基本知识型，主要通过例题加深对基础知识的理解和掌握；另一种为拓展应用型，通过对实际例题问题的分析，逐步引导学生掌握思考和解决问题的方法。近几年编程教学实践表明，在程序设计课程教学中通过一定量的例题分析，并注重编程习惯和实践能力的培养，有利于提高学生的编程兴趣，对培养工程应用型人才是有益的。这些内容对于各类高等院校、高职高专院校的学生都是适用的。

全书共 10 章。

第 1～3 章：主要介绍 C 语言程序的基本结构、数据的表达方式、常用运算符和表达式、格式化输入/输出函数、C 语言程序的运行方式等。这部分内容奠定了 C 程序设计的基础。读者通过学习这部分内容，可以设计出由简单表达式语句组成的顺序结构的程序。

第 4～5 章：主要介绍程序设计的两种重要的程序语句结构：选择结构和循环结构。这两种结构是程序设计的应用基础。读者通过学习这部分内容，可以充分了解选择结构和循环结构的基本规则。结合顺序结构，读者可以设计出简单的算法，能够较好地掌握思考问题和解决问题的方法。

第 6～10 章：主要介绍结构化程序设计及复杂数据类型，包括函数、数组、指针、结构和文件等。这部分内容为程序设计的核心，读者通过学习这部分内容，可以充分了解模块化程序设计的思想，更好地对问题进行分解，能灵活使用指针、结构、文件等手段和方法编写程序，培养创新思维能力和解决问题的能力。

本书具有以下特色。

1．内容循序渐进，注重脚踏实地

第 1 章主要介绍了计算机中数据存储和进制转换、C 语言程序的基本结构和开发环境，使读者可以从感性上认识 C 语言程序的基本组成，了解 C 语言从程序编写到程序调试、运行的基本过程。第 2 章主要介绍了标识符与关键字、基本数据类型、常量、变量、运算符与表达式，这些都是 C 语言程序设计的基础知识。第 3 章主要介绍了程序控制结构、语句、标准输出/输出函数、常用数学库函数与常用字符处理函数的使用。在掌握 C 语言基础知识的基础上，第 4～10 章陆续介绍了 C 语言的 3 种程序控制结构、函数、数组、指针、结构与文件等内容。

2．丰富的教材例题和课后习题

本书的例题分为两种类型：一种是基本知识型；另一种是拓展应用型。本书中的程序都在 CodeBlocks 环境下通过验证，并且对程序的结构、函数的设计、变量的设置进行了恰当的注释和说明。其中大部分例题都给出了分析，启发读者思考，从中发现问题，寻找解决问题的方法。为了巩固读者所学的理论知识，每章都附有大量习题，以帮助读者理解基本概念。读者通过理论联系实际，进行书面练习和上机编写程序，进一步熟练掌握 C 语言的基本思想和基本语句，提高程序设计的能力。

3．全面的问题分析引导，培养读者良好的编程习惯

通过对问题的分析引导，找出解决问题的关键，并注重培养读者良好的编程习惯，强化解决问题的科学过程和手段，培养读者严谨思考和解决问题的能力。

本书包含了配套教学资源，读者可以登录华信教育资源网（www.hxedu.com.cn）搜索本书并下载。

本书由浙江传媒学院林生佑、谢昊和浙江广厦建设职业技术大学潘瑞芳担任主编，由浙江广厦建设职业技术大学康鲜菜和浙江理工大学宋滢担任副主编。其中，林生佑负责全书方案设计、内容策划、例题代码和统稿工作，特别感谢 Uber 资深工程师杜鹏提供的建议和帮助。

由于作者水平有限，书中难免存在不妥和疏漏之处，希望同行专家与广大读者给予批评、指正。

林生佑
于浙江传媒学院

目录

第1章 C语言概述

- 程序设计语言的分类。
- 进制转化。
- C语言的发展历史与特点。
- C语言程序的基本框架和运行步骤。
- 熟悉上机环境。

C语言是一门通用的计算机编程语言，应用十分广泛。它不仅提供了许多低级处理的功能，还保持着良好的跨平台特性，以一个标准规格写出的C语言程序可在许多平台上编译，包含嵌入式处理器等。目前，C语言仍然是大多数高校计算机专业的第一门编程语言。本章主要介绍了程序设计语言与C语言的发展概况、进制转换、C语言程序的基本结构、运行简单的C语言程序与上机环境。

1.1 计算机中的信息表示

1.1.1 二进制数及其他进制

无论是什么类型的信息（数字、文本、图像、声音和视频等），在计算机内部都采用二进制数来表示。二进制数采用0和1两个数字来表示。

尽管计算机内部均采用二进制形式来表示信息，但计算机与外部交流仍需要采用人们熟悉和便于阅读的形式。计算机外部信息需要经过转换为二进制信息后，才能被计算机所接收；同样，计算机的内部信息也必须经过转换后才能恢复信息的"本来面目"。这种转换通常由计算机自动实现。

二进制数的书写通常很长，使用不太方便。所以通常用八进制数或十六进制数来代替二进制数。

八进制系统采用8个数字，即0、1、2、3、4、5、6、7来表示。每个八进制数需要用3位二进制数来表示。

十六进制系统采用10个数字与6个字母，即0、1、2、3、4、5、6、7、8、9、A、B、

C、D、E、F 来表示。其中，大写字母 A、B、C、D、E、F 分别对应十进制数的 10、11、12、13、14、15，它们也可以用小写字母 a、b、c、d、e、f 来代替，或者大小写字母混用皆可。例如，10A7B、10a7b 和 10A7b 都表示同一个十六进制数。每个十六进制数需要用 4 位二进制数来表示。

1.1.2　信息存储单位

位（bit）：简记为 b，是计算机内部存储信息的最小单位。一位只能表示 0 或 1，把更多的位组合起来才能表示更大的数。

字节（byte）：简记为 B，是计算机内部存储信息的基本单位。一个字节由 8 个二进制位组成，即 1B=8b。在计算机中，其他常用的信息存储单位还有 KB（kilobyte）、MB（megabyte）、GB（gigabyte）、TB（terabyte）、PB（petabyte）、EB（exabyte）、ZB（zetabyte）和 YB（yottabyte），其中，1KB=1024B、1MB=1024KB、1GB=1024MB、1TB=1024GB、1PB=1024TB、1EB=1024PB、1ZB=1024EB、1YB=1024ZB。

1Y 大约是 10^{24}，它是最大公制单位。可以直观感受一下这个单位：海洋的质量约为 0.0014Y 千克，已观测到的宇宙直径大约为 0.88Y 千米。

字（word）：一个字通常由一个字节或若干个字节组成，是计算机进行信息处理时一次存取、处理的数据长度。字长是衡量计算机性能的一个重要指标，字长越长，计算机一次所能处理信息的实际位数越多，运算精度越高，计算机的处理速度越快。常用的字长有 8 位、16 位、32 位和 64 位等。

1.2　进制转换

进制转换是计算机专业基础知识，其算法简单，易于掌握。下面分别介绍不同进制数之间的转换，为了方便讲解，假设所有操作数均为 16 位整数。

1.2.1　将十进制数转换为二进制数、八进制数和十六进制数

将十进制数转换为二进制数的方法为：用十进制数除以 2，余数列在右边，得到的商继续除以 2，依此步骤继续运算直到商为 0 为止，得到的余数自底向上排在一起就是所求的二进制数。

【例 1-1】将十进制数 150 转换为二进制数。

例题分析：按照介绍的将十进制数转换为二进制数的方法，用 150 连续除以 2，把每次得到的余数 0 或 1 列在算式的右边，依此步骤继续运算直到商为 0 为止，最后把得到的余数自底向上排在一起即可，如图 1-1 所示。十进制数 150 的二进制形式为 10010110。

将十进制数转换为八进制数的方法为：用十进制数除以 8，余数列在右边，得到的商继续除 8，依此步骤继续运算直到商为 0 为止，得到的余数自底向上排在一起就是所求的八进制数。十进制数 150 的八进制形式为 226。

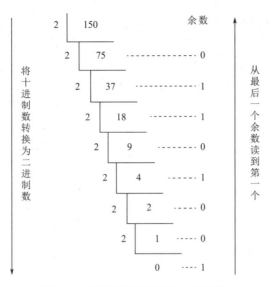

图 1-1　将十进制数转换为二进制数

将十进制数转换为十六进制数的方法为：用十进制数除以 16，把余数 0～15 转换为 0～9、A～F 这 16 个字符并列在右边，得到的商继续除 16，依此步骤继续运算直到商为 0 为止，得到的余数自底向上排在一起就是所求的十六进制数。十进制数 150 的十六进制形式为 96。

1.2.2　将二进制数、八进制数和十六进制数转换为十进制数

数制中每一个固定位置对应的单位值称为"位权"。对于多位数，处在某一位的 1 所表示的数值的大小就是该位的位权。对于十进制数，第 2 位的位权为 10，第 3 位的位权为 100。对于 N 进制数，第 i 位的位权为 N^{i-1}。

例如，给定十进制数 2491，把它按照位权展开得到 $2*10^3+4*10^2+9*10^1+1*10^0$。

因此，给定二进制数，如果想要把它转换为十进制数，则只要把二进制整数按位权展开，相加即可得到对应的十进制数。

【例 1-2】将二进制数 10010110 转换为十进制数。

例题分析：按照将二进制数转换为十进制数的方法（见图 1-2），二进制数 10010110 转换为十进制数为 128+16+4+2=150。

将八进制数转换为十进制数，把八进制数按权展开，相加即可得到对应的十进制数。将十六进制整数转换为十进制数，把十六进制数按权展开，相加即可得到对应的十进制数。

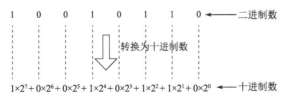

图 1-2　将二进制数转换为十进制数

1.2.3　二进制数和八进制数、十六进制数之间的转换

将二进制数转换为八进制数，从二进制数的末尾开始，每 3 位一组，如果不足 3 位可以在前面补 0，每组再转换为对应的八进制数，把这些八进制数组合而成即可。

例如，将二进制数 10010110 转换为八进制数，分组情况是 010 | 010 | 110，每组再转换为对应的八进制数 2、2 和 6，合并后的八进制数为 226。

将二进制数转换为十六进制数，从二进制数的末尾开始，每 4 位一组，前面不足补 0，每组再转换为对应的十六进制数，把这些十六进制数组合而成即可。

例如，将二进制数 10010110 转换为十六进制数，分组情况是 1001 | 0110，每组再转换为对应的十六进制数 9 和 6，合并后的十六进制数为 96。

反过来，将八（十六）进制数转换为二进制数，只需要将八（十六）进制的每位数转换为相应的 3（4）位二进制数，不足 3（4）位的一定要在前面补 0，再合并连接成最终的二进制数。

例如，将十六进制数 97A8 转换为二进制数。首先把 9 转换为 4 位二进制数 1001，7 转换为 4 位二进制数 0111，A 转换为 4 位二进制数 1010，8 转换为 4 位二进制数 1000，最后把这些 4 位二进制数连接成最终的二进制数 1001 0111 1010 1000。

1.2.4　整数的二进制表示

在 C 语言中，整数一般用 1、2、4 或 8 字节来表示，使用不同的字节表示对应不同的整型。整数的二进制表示形式有原码、反码和补码 3 种。正整数的原码、反码和补码都是其对应的二进制数，但负整数的原码、反码和补码的表示形式则不一样。负整数的二进制表示形式中的最高位称为"符号位"，它表示整数的正负，1 表示负数，0 表示正数。

负整数的原码表示形式就是将绝对值对应的二进制数最左边的符号位改为 1。例如，已知正整数 11，如果用 1 字节来表示，则它对应的二进制表示形式为 00001011。负整数-11 的原码表示形式是把 00001011 最左边的符号位由 0 改成 1，变为 10001011。但是用原码表示-0 为 10000000，而+0 为 00000000，两者不一致。

负整数的反码表示形式是将原码符号位之外的数字取反，即 0 变 1，1 变 0。负整数-11 的反码表示形式是 11110100。如果用反码表示-0 和+0，则分别为 11111111 和 00000000，两者也不一致。

负整数的补码表示形式是对反码再加 1 而得到，即补码=反码+1。负整数-11 的补码表示形式为反码 11110100 的基础上再加 1，得到 11110101。在补码表示形式中，+0 和-0 的表示形式一致，都是 00000000，因此在计算机中，负整数一般用补码表示。

整数在二进制表示形式下可以进行算术运算。与十进制整数加法类似，不过二进制数加法是逢二进一。例如，加法运算 23+5=28，用 2 字节二进制数可表示为：

```
    0001  0111        23
  + 0000  0101         5
    ─────────────
    0001  1100        28
```

二进制数的减法运算是借一当二。例如，5-23=-18，用 2 字节二进制数表示为：

$$
\begin{array}{r r r}
 & 0000\quad0101 & 5 \\
- & 0001\quad0111 & 23 \\
\hline
 & 1110\quad1110 & -18 \\
\end{array}
$$

上述减法运算的结果-18 的二进制表示形式 1110 1110，是-18 的补码表示形式，最高位 1 表示负数。

1.3　程序设计的基本概念

1.3.1　程序

广义地说，程序是指为完成某些事物的一种既定方式和过程，可以将程序看成一系列动作的执行过程的描述。我们平时所说的日程安排、会议议程等都是程序的实例。例如，学校要召开运动会，就需要事先编排好程序，从开幕式到闭幕式，每一项活动的时间、地点、人物、设施、规则、管理、协调等都必须有详细周密的安排。

程序的执行通常有 3 种方式。例如，在正常情况下，运动会按照程序所设定的顺序进行，这就是"程序的顺序执行方式"；如果遇到意外，如下雨、运动员受伤等，则必须准备相应的应急程序，也就是两套或多套方案供选择执行，这就是"程序的选择执行方式"；而当一项比赛有多组及多人反复进行时，只需要一套程序反复执行即可，这就是"程序的循环执行方式"。

狭义地说，程序是指计算机程序，是指为实现预期目的而进行操作的一系列语句和指令。算法是对特定问题求解步骤的描述，具有有限性、确定性、输入/输出和可行性 4 个特征。

算法是解决一个问题的思路，程序是解决这些问题的具体编写的代码。算法不依赖于某一种语言，它只是一个思路，在描述上一般使用半形式化的语言。为了实现一个算法，采用不同语言编写的程序会有所不同。程序必须用形式化的程序设计语言来编写。算法是解决问题的步骤，程序是算法的具体代码实现。

算法必须具有有限性，而程序可以不具有有限性。例如，操作系统和游戏都是程序，都可以无限循环，不满足有限性因而不是算法。

1.3.2　程序设计语言

程序设计语言又被称为"编程语言"，是编写计算机程序所使用的语言。程序设计语言是人与计算机交互的工具。人要把需要计算机完成的工作告诉计算机，就需要使用程序设计语言编写程序，让计算机去执行。

没有程序设计语言的支持，计算机将无法工作。由于程序设计语言的重要性，从计算机问世至今，人们一直在为开发更好的程序设计语言而努力。程序设计语言的数量在不断增加，各种新的程序设计语言也在不断问世。

1.3.3　程序设计

程序设计又被称为"编程"，是指编写计算机程序解决某个问题的过程。专业的程序设计人员常被称为"程序员"。

程序员进行程序设计，要具备解决某个问题算法的知识基础，必须掌握某种程序设计方法，运用适当的思维方式，构造出解决某个问题的算法；还要掌握某种程序设计语言，运用程序设计语言将算法转换为计算机程序；为了提高程序设计效率和质量，还要学会使用某种程序设计工具。

程序设计具有非常严格的语法规则和很强的逻辑顺序，因此程序员需要熟练掌握和深入理解相应的语法规则，并进行大量的逻辑思维训练和编程实践，才能够设计出好用且可靠的计算机程序。在保证程序正确的前提下，可读、易维护、可移植和高效是程序设计的首要目标。

1.4 程序设计语言的发展概况

1946 年，第一台计算机 ENIAC 在美国宾夕法尼亚大学诞生，从计算机诞生之日起，程序设计语言就随之而生。程序设计语言大体可以分为低级语言和高级语言两大类。

1.4.1 低级语言

低级语言分为机器语言和汇编语言。直接使用二进制表示的指令来编程的语言为机器语言。由 0 和 1 组成了一个二进制编码，表示一条机器指令，使计算机完成一个简单的操作。用机器指令编写的程序称为"机器语言程序"，是计算机唯一能够直接识别并执行的程序。

早期的程序设计均使用机器语言。程序员先将用 0、1 数字编成的程序代码打在纸带或卡片上，1 打孔，0 不打孔，再将程序通过纸带机或卡片机输入计算机进行运算。这样的机器语言由纯粹的 0 和 1 组成，十分复杂，不方便阅读和修改，也容易产生错误，以至于在计算机刚刚诞生的几年里，全世界只有少数数学家和物理学家可以编写程序。例如，计算 100+256，8086CPU 的代码序列如下：

```
10111000 01100100 00000000
00000101 00000000 00000001
10100011 00000000 00100000
```

其对应的十六进制形式表示为 B8 64 00   05 00 01   A3 00 20。

程序员很快发现了使用机器语言带来的麻烦，它们难以辨别和记忆，阻碍了整个产业的发展。20 世纪 50 年代，人们用助记符代替机器指令的操作码，用地址符号和标号代替指令或操作数的地址来编程，这就逐渐产生了汇编语言，汇编语言又被称为"符号语言"。通常，特定的汇编语言和特定的机器语言指令集是一一对应的，不同平台之间不可直接移植。上述计算 100+256 的机器代码用 MASM 汇编代码表示如下：

```
mov ax,100      (对应机器代码：B8 64 00)
add ax,256      (对应机器代码：05 00 01)
mov [2000h],ax  (对应机器代码：A3 00 20)
```

1.4.2　高级语言

高级语言可以分为面向过程和面向对象两大类。面向过程的程序设计语言又被称为"结构化程序设计语言"。简单地说，面向过程主要是要分析出解决问题所需要的步骤，并用函数把这些步骤一一实现，使用时依次调用即可。面向对象是把构成问题事务分解成各个对象，建立对象的目的不是为了完成一个步骤，而是为了描述某个事物中整个解决问题的步骤的行为。

1954 年出现的 Fortran 语言（Formula Translation）是最早的高级语言，也是最早的面向过程语言。它被广泛应用于科学和工程计算领域，在数值、科学和工程计算领域发挥着重要作用。

1958 年，美国计算机协会（Association for Computing Machinery，ACM）和西德的应用数学和力学协会（Gesellschaft für Angewandte Mathematik und Mechanik，GAMM）在苏黎世把关于算法表示法的建议合二为一，产生了一种算法语言，这就是算法语言（ALGOrithmic Language，ALGOL）家族的第一个成员 ALGOL58。在此基础上，1960 年，图灵奖获得者艾伦·佩利发明了程序设计语言 ALGOL60。ALGOL60 语言又被称为"A 语言"，它是程序设计语言发展史上的一个里程碑，引入了许多新的概念，如局部性概念、动态、递归、巴科斯-诺尔范式 BNF 等，它的出现标志着程序设计语言成为一门独立的学科，为后来软件自动化与软件可靠性的发展奠定了基础。

20 世纪 60 年代，美国达特茅斯学院的 J.Kemeny 和 Thomas E.Kurtz 认为，Fortran 语言是为专业人员设计的，没办法普及。于是，他们在简化 Fortran 的基础上，于 1964 年开发了一种"初学者通用符号指令代码"（Beginner's All-purpose Symbolic Instruction Code，BASIC），BASIC 语言产生。BASIC 语言本来是为大学生创造的高级语言，但由于它比较容易学习，很快就从校园走向社会，成为初学者学习计算机编程的首选语言。

1967 年，Simula 语言诞生。它是 ALGOL60 的扩充，是最早的面向对象语言，并引入了所有后来面向对象程序设计语言所遵循的基础概念——对象、类、继承。在 1968 年 2 月，Simula 67 的正式文本问世。

1968 年，荷兰教授 E.W.Dijkstra 提出"GOTO 语句有害"的观点，指出程序的质量与程序中所包含的 GOTO 语句的数量成反比，认为应该在一切高级语言中取消 GOTO 语句。他提出了 GOTO 语句的 3 大危害：破坏了程序的静动一致性、程序不易测试、限制了代码优化。这一观点在计算机学术界激起强烈的反响，引发了一场长达数年的广泛论战，其直接结果是导致了结构化程序设计方法的产生，并诞生了基于这一设计方法的 Pascal 语言。

1973 年，另一个具有代表性的结构化程序设计语言 C 语言诞生。

20 世纪 70 年代末，随着计算机科学的发展和应用领域的不断扩大，对计算机技术的要求越来越高。结构化程序设计语言和结构化分析与设计已经无法满足用户的需求变化，于是面向对象技术开始浮出水面。1985 年，C++语言诞生。1995 年，Java 语言诞生。C++和 Java 语言都是面向对象程序设计语言。

从翻译代码的方式来看，高级语言又可以分为解释型语言和编译型语言。采用解释型语言编写的程序并不能直接翻译成机器语言，而是先翻译成中间代码，再由解释器对中间代码进行解释运行，如 BASIC、Python、JavaScript、Perl、Ruby、Matlab、Shell 等都是解释型语言。解释型语言的效率比较低，但跨平台性较好。采用编译型语言编写的程序在执行之前，需要一个专门的编译过程，把程序编译成可执行的机器语言文件（exe 文件），以后运行时无须再重新编译，直接运行 exe 文件即可。采用编译型语言编写的程序，其执行效率较高。

高级语言与硬件结构和指令系统无关，表达方式接近自然语言和数学表达式。例如，计算 100+256 就可以直接表示为 100+256。它描述问题能力强，通用性、可读性和可维护性都比较好。高级语言的出现，使计算机编程得到极大普及，推动了计算机行业的发展。

1.5　C 语言的发展历史与特点

C 语言是在 20 世纪 70 年代初问世的。它的产生要追溯到之前介绍到的 ALGOL60 语言。1963 年英国剑桥大学推出了基于 ALGOL60 的高级语言 CPL（Combined Programming Language）。CPL 语言更接近硬件一些，但规模比较大。1967 年，英国剑桥大学的 Matin Richards 对 CPL 语言做了简化，推出了 BCPL（Basic Combined Programming Language）语言。

20 世纪 60 年代，美国贝尔实验室的研究员 Ken Thompson 编写了一个程序，模拟在太阳系航行的电子游戏 Space Traval。他找到了一台空闲的 PDP-7 机器，但这台机器没有操作系统，而开发游戏必须使用操作系统的一些功能，于是他着手为 PDP-7 开发操作系统。1970 年，Ken Thompson 以 BCPL 语言为基础，又做了进一步的简化，设计出了很简单而且很接近硬件的 B 语言（取 BCPL 的第一个字母），并用 B 语言编写了第一个 UNIX 操作系统，但 B 语言过于简单，功能有限。

1971 年，同样酷爱 Space Traval 的 Dennis M.Ritchie 加入了 Ken Thompson 的开发项目，合作开发 UNIX。他的主要工作是改造 B 语言。1973 年，贝尔实验室的 D.M.Ritchie 在 B 语言的基础上开发了 C 语言（取 BCPL 的第二个字母）。C 语言既保持了 BCPL 语言和 B 语言的精练、接近硬件的优点，又克服了过于简单、数据无类型等缺点。

1973 年，C 语言的主体完成。Ken Thompson 和 Dennis M.Ritchie 迫不及待地用 C 语言完全重写了 UNIX。此时，编程的乐趣使他们完全忘记了 Space Traval 游戏，一门心思投入 UNIX 和 C 语言的开发中。随着 UNIX 的发展，C 语言自身也在不断完善。直到今天，各种版本的 UNIX 内核和周边工具仍然使用 C 语言作为最主要的开发语言，其中还有不少继承自 Ken Thompson 和 Dennis M.Ritchie 之手的代码。

1982 年，美国国家标准协会（American National Standards Institute，ANSI）为了使 C 语言健康发展，决定成立 C 标准委员会，建立 C 语言标准。1989 年，ANSI 发布了第一个完整的 C 语言标准，简称 C89，习惯上称为 ANSI C。1999 年，在做了一些必要的修正和完善后，ISO 发布了新的 C 语言标准，简称 C99。它是 C 语言的第二个官方标准。2011 年 12 月 8 日，ISO 又正式发布了新的 C 语言标准，简称 C11。C11 是 C 语言的第三个官方标准，也是 C 语言的最新标准。

C 语言是一种通用、灵活、结构化的计算机高级语言。它使用广泛，特别适合进行系统程序设计和对硬件进行操作的场合，其主要特点如下。

（1）简洁紧凑，使用方便。

C 语言一共只有 32 个关键字，9 种控制语句，程序书写形式自由，区分大小写字母。它把高级语言的基本结构和语句与低级语言的实用性结合起来。C 语言可以像汇编语言一样对位、字节和地址进行操作。

（2）运算符丰富。

C 语言共有 34 种运算符，它把括号、赋值、强制类型转换等都作为运算符处理，从而使 C 语言的运算类型极其丰富，表达式类型多种多样。灵活使用各种运算符可以实现在其他高级语言中难以实现的运算。

（3）数据类型丰富。

C 语言的数据类型有整型、浮点型、字符型、数组类型、指针类型、结构体类型和共用体类型等，能用来实现复杂的数据结构运算，并引入了指针概念，提高了程序设计的效率。

（4）表达方式灵活实用。

C 语言提供了多种运算符和表达式值的计算方法,对问题的表达可通过多种途径来获得，使程序设计更加主动、灵活。C 语言的语法限制不太严格，程序设计自由度较大，如整型数据、字符型数据和逻辑型数据可以通用。

（5）允许直接访问物理地址，对硬件进行操作。

C 语言允许直接访问物理地址，可以直接对硬件进行操作，因此它兼具低级语言和高级语言的功能，能够像汇编语言一样对位（bit）、字节和地址进行操作，而这三者是计算机最基本的工作单元，所以 C 语言可以用来编写系统软件。

（6）生成目标代码质量高，程序执行效率高。

C 语言描述问题比汇编语言迅速，工作量小，可读性好，易于调试、修改和移植，而代码质量与汇编语言相当。C 语言一般只比汇编语言生成的目标代码效率低 10%～20%。

（7）可移植性好。

C 语言在不同机器上的 C 编译程序有 86% 的代码是公开的，所以 C 语言的编译程序便于移植。在一个环境上采用 C 语言编写的程序，不用改动或稍加改动，就可以移植到另一个完全不同的环境中运行。

C 语言的缺点主要有两点：一是数据的封装性不够好。这一点使 C 语言在数据安全性上有很大缺陷，这也是 C 语言和 C++ 的一大区别；二是 C 语言的语法限制不太严格，对变量的类型约束不强，影响程序的安全性，对数组下标越界不做检查等。

1.6　简单的 C 语言程序

首先来看几个简单的 C 语言程序实例，然后从中分析 C 语言程序的特点。

【例 1-3】在屏幕上输出 "Hello World!"。

源代码：

```
01 #include <stdio.h>          /*编译预处理命令*/
02 int main()                  /*定义主函数 main()，int 表示函数返回值类型*/
03 {
```

```
04        printf("Hello World!\n");   /*在屏幕上输出"Hello World!"*/
05        return 0;                    /*当函数返回值为 0 时，表示程序正常结束*/
06 }
```

运行结果:

```
Hello World!

Process returned 0 (0x0)   execution time : 0.007 s
Press any key to continue.
```

例题分析：源代码演示了如何在显示屏幕上输出一个简单的字符串及注释的使用。

程序的功能是在屏幕上输出"Hello World!"。下面逐行分析程序的构成。

（1）#include <stdio.h>是头文件，包含预编译处理命令，一般放在程序的最前面，其作用是包含标准输入/输出头文件 stdio.h，这条命令是要告诉系统，在接下来的代码中，如果遇到未声明的函数调用，则可以到 stdio.h 中寻找。在 C 语言，一些输入/输出处理的函数在 stdio.h 中有声明。

（2）int main()是 main()主函数的函数头。main()是一个特殊的函数，它是程序运行的入口。每个 C 语言源程序都必须且只能有一个主函数，主函数后面必须有一对括号"()"。main()前面的 int 表示函数返回值类型为整型。如果不写返回值类型，则 C 语言默认为 int。一般而言，当返回值为 0 时，表示程序正常结束。

（3）一对花括号内的部分称为"函数体"。main()主函数内的代码全部运行完之后，程序结束。每个花括号占用一行。程序运行从 main()主函数下面的第一个花括号开始。

（4）C 语言使用 printf()函数输出内容。输出内容为双引号中的文字。

（5）return 0 表示 main()主函数运行至此返回整数值 0，程序正常结束。整数值 0 的类型与 main()主函数的返回值类型 int 对应。

（6）程序运行在 main()主函数的最后一个花括号结束。

需要注意如下内容。

（1）C 语言中的每条语句最后都以分号结束。本例题的第 4 行、第 5 行为语句。

（2）C 语言中的关键字使用小写字母表示，而且区分大小写字母。

（3）源代码中的"/*...*/"是块注释，不是程序部分，在程序执行中不起任何作用，在编译时将自动忽略"/*"和"*/"之间的所有内容。另外，C99 中还提供了行注释"//..."，它将注释掉从双斜杆开始到本行行末的所有内容。注释主要是写给程序员看的，其作用是增加程序的可读性。程序员应尽量多写注释，以养成良好的编程习惯。

（4）运行结果中的第一行"Hello World!"是程序的运行结果。空行是 printf()函数中打印换行符"\n"的显示结果。换行符"\n"的作用是在输出时让光标另起一行。接下来的两行：

```
Process returned 0 (0x0)   execution time : 0.007 s
Press any key to continue.
```

不是程序的运行结果，它们是 IDE 工具显示程序运行返回情况和执行时间，并为了让程序员更方便地看到程序的运行结果，而让程序运行完之后暂停而显示的提示信息。程序员此时按下任意键可以结束程序。在本书其他例题中，如果无特别需求，则这两行信息在代码运行结果中不再列出。

【例 1-4】输入一个整数，在屏幕上输出该整数的立方。

源代码：

```
01 #include <stdio.h>
02 int main()
03 {
04     int a, b;                        /*定义两个整型变量 a 和 b*/
05     scanf("%d", &a);                 /*从键盘上输入一个整数并赋给变量 a*/
06     b = a * a * a;                   /*计算变量 a 的立方并赋给变量 b */
07     printf("%d 的立方为%d\n", a, b);  /*输出变量 a 的立方 */
08     return 0;
09 }
```

运行结果：

```
5✓
5 的立方为 125
```

例题分析：源代码演示了如何在程序中输入/输出多个整型变量，以及编写简单的算术表达式。

在本例题中，"int a, b;"是变量定义语句，此处定义了两个整型变量 a 和 b，中间用逗号隔开。变量是内存中的存储单元，能够存储程序使用的数据。变量必须先定义再使用。

"scanf("%d", &a);"是输入语句，双引号中的%d 是格式说明符，它对应整数类型。该语句接收用户从键盘上输入的一个整数值并把它赋给变量 a。"&"是取地址运算符，在这里不能省略！

"b = a * a * a;"语句用来计算 a 的立方，并把计算结果存储到变量 b 中。在 C 语言中，"*"表示数学上的乘号。

"printf("%d 的立方为%d\n", a, b);"是输出语句，要输出变量 a 和 b 的值。语句中的两个%d 表示需要输出两个整数值，这两个要输出的整数值就是后面紧跟着的两个变量 a 和 b。一般来说，双引号中有几个格式说明符，后面就紧跟着几个对应的数值，它们是一一对应的。

在运行结果中，在输入数据后用"✓"表示输入回车符，用来结束输入。在本书的其他例题的运行结果中，如果"✓"没有特别说明，则表示用来结束输入的标记。

【例 1-5】已知圆柱体的半径和高，求圆柱体的体积。

源代码：

```
01 #include <stdio.h>
02 #define PI 3.14
03 int main()
04 {
05     float r, h, v;                      /*定义 3 个单精度浮点数 r、h 和 v */
06     printf("请输入圆柱体的半径和高：\n");  /*提示用户输入数据 */
07     scanf("%f%f", &r, &h);              /*输入两个浮点数 r 和 h */
08     v = PI * r * r * h;                 /*计算圆柱体的体积，赋给变量 v */
09     printf("v=%f\n", v);                /*输出 v 的值 */
10     return 0;
11 }
```

运行结果：

```
请输入圆柱体的半径和高：
5 8↙
v=628.000000
请输入圆柱体的半径和高：
3.5 7.1↙
v=273.101501
```

例题分析：源代码演示了如何在程序中输入/输出多个浮点型变量。

本例题中首先定义了一个符号常量 PI，设定它的值为 3.14，接下来在 main()主函数中声明了 3 个单精度浮点数变量 r、h 和 v。第一条 printf 语句用来提示用户输入圆柱体的半径和高，这是比较友好的界面交互方式。scanf 语句中的"%f %f"对应单精度浮点数，表示同时读入两个单精度浮点数，并把它们的值存储在变量 r 和 h 中。计算出 v 的值后，利用第二条printf 语句输出 v 的值。在利用"%f"输出浮点数时，默认输出小数点后 6 位。

通过上述 3 个例题的分析和学习，可以总结一下 C 语言程序的基本组成。

（1）头文件包含预处理命令：初学时一般都有#include <stdio.h>，stdio.h 头文件中包含了标准输入/输出函数，包括这 3 个例题中用到的 scanf()函数和 printf()函数。

（2）符号常量定义：如果有需要，则可以在头文件包含命令下面定义一个在程序中使用的符号常量。

（3）主函数头：一般都是 int main()，注意不能在后面添加分号。

（4）主函数体：在一对花括号之间的代码。这部分代码一般又可以分成 4 部分。

- 变量声明：把问题中涉及的量定义成不同数据类型的变量。
- 数据输入：从键盘上输入数据，并将其保存在变量中。
- 数据处理：写出相应语句处理数据，得到处理结果。
- 数据输出：把得到的处理结果按要求输出。

初学者刚开始编写程序时，以下代码基本上都是必需的。

```c
#include <stdio.h>
int main()
{
    …
    return 0;
}
```

初学者在解决具体问题时，可以先把上述必需的代码默写下来，再考虑编写主函数体代码。主函数体代码的 4 部分不都是必需的，有的题目可能只有输出，如例 1-3。

1.7 运行 C 语言程序

高级语言处理系统主要由编译程序、连接程序和函数库组成。如果要使 C 语言程序在一台计算机上运行，则必须经过编辑源程序、编译和连接几个步骤，最后生成可执行程序。如果程序在运行过程中或运行结果出现错误，则需要进行调试、查错。

（1）编辑。

编辑是创建或修改 C 语言源程序文件的过程。C 语言源程序以文本的形式保存在存储介质中，文件的扩展名一般为".c"。

（2）编译。

输入 C 语言源程序后，如果要执行该程序，则必须先进行编译，生成目标程序。目标程序的扩展名为".obj"。如果编译后显示错误信息提示，则还需要重新回到编辑窗口对程序代码进行修改，再进行编译，直到没有出错信息提示为止。

（3）连接。

机器可以识别编译生成的目标程序，但不能直接运行。由于程序中使用了一些系统库函数，还需将目标程序与系统库文件进行连接。经过连接后，如果正确，则生成一个完整的扩展名为".exe"的可执行程序。如果显示错误信息提示，则需要回到编辑窗口对程序进行修改，再进行编译和连接，直到没有错误信息提示为止。

（4）运行。

C 语言源程序经过编译、连接后生成的可执行文件，可脱离编译系统直接运行。在命令行窗口中输入可执行文件名按 Enter 键，或者在 Windows 资源管理器中双击可执行文件名，即可运行程序。图 1-3 所示为 C 语言源程序运行示意图。

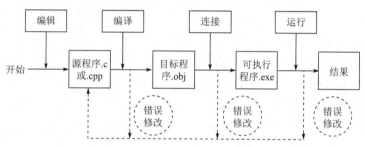

图 1-3　C 语言源程序运行示意图

在图 1-3 中，如果编译或连接时出现错误，则说明源程序编写时有语法错误；如果在运行时结果不正确，则说明源程序有逻辑错误，出现这两种情况都需要返回编辑窗口修改源程序并重新编译、连接和运行，直到将源程序修改正确为止。目前，大多数的 C 语言集成开发环境（Integrated Development Environment，IDE）都集成了编辑、编译、连接、运行这 4 个功能及调试功能。

1.8　程序设计风格

C 语言是一种"自由格式"语言，如果把整个程序写在一行，也可以正确编译和运行，但这是不好的程序设计习惯，会导致程序的可读性极差。程序必须具有良好的程序设计风格，这样程序的正确性、有效性、可读性和易维护性才会更加有保证。

1.8.1 注释

C 语言中的注释可以出现在程序的任何位置上。它既可以单独占行也可以与其他程序文本出现在同一行中，还可以占用多行。

注释的作用和要求如下。

（1）注释可以告诉用户所需要知道的内容。

（2）注释应当准确、易懂，防止出现二义性。

（3）当修改程序时，也要及时更新注释。

（4）注释太多会适得其反。复杂难理解的内容需要注释，而浅显易懂的内容则不必注释。

（5）程序的开始部分应该给出注释，包括版权声明、文件名称、功能描述、创建日期、作者、版本说明等。

（6）函数的开始部分也应该给出注释，包括函数名称、功能描述、参数、返回结果等。

（7）注释应该与被注释内容相邻，一般放在被解释内容的上方或右边。

1.8.2 命名习惯

好的命名习惯如下。

（1）标识符最好采用英文单词或其组合，尽量做到"见名知义"。

例如：

```
int number;   /*学生学号*/
int chinese;  /*语文成绩*/
int english;  /*英语成绩*/
```

变量名取得清晰易懂，再辅以注释就更好。

（2）标识符的长度应该符合"最小长度、最大信息"的原则。

长名字可以更好地表达含义，但名字也不是越长越好。单字符的名字也是有用的，如循环变量 i、j、k 等。

（3）不要仅靠大小写字母来区分相似标识符。

例如：

```
int x, X;
```

用户很容易混淆变量 x 和 X。

（4）常量名全部采用大写字母表示，如果名字由多个单词组成，则单词之间用下画线连接，但首尾不要使用下画线。

例如：

```
#define PI 3.14
const int MAX_LIFES = 100;
```

（5）变量名、函数名采用小写字母表示。如果名字由多个单词组成，则除第一个单词外，其余单词首字母大写，剩余字母小写。

例如：

```
double radius;
int maxValue;
```

1.8.3　程序编排

好的程序编排方法如下。

（1）编写程序要分段落。空行可以把程序划分为几个逻辑单元，具有段落分隔的作用，从而更容易辨别程序的结构。就像没有章节的书一样，没有空行的程序很难阅读。

段落之间一般放置一两个空行。

（2）程序要有统一的对齐和缩进，使不同的程序结构之间形成层次关系。

例如：

```c
int main()
{
    printf("hello World!\n");
    return 0;
}
```

称为"次行（next-line）风格"，括号位于同一列上，使程序容易阅读。而

```c
int main(){
    printf("hello World!\n");
    return 0;
}
```

称为"行尾（end-of-line）风格"，节省空间。

到底哪一种风格好并没有绝对答案。本书采用次行风格。

（3）二元、三元运算符的两边应当各添加一个空格。

例如：

```c
i=3+4;
```

应该改写成：

```c
i = 3 + 4;
```

（4）不要编写复杂的代码行，一行代码只做一件事情。

例如：

```c
x = a + b; y = c + d; z = e + f;
```

应该改写成：

```c
x = a + b;
y = c + d;
z = e + f;
```

（5）每行代码的最大长度不要超过 80 个字符。过长的代码可以"断行"，拆分为多行。拆分出的新行要进行适当的对齐和缩进。

一般语句可用"\"结尾断行，编译时，"\"后面的换行将被忽略，当作一行处理。

例如：

```c
#define my_puts(x) printf("%s",\
    x);
```

与

```c
#define my_puts(x) printf("%s",x);
```

是没有区别的。

当字符串过长，写在一行中阅读不便时，也可以使用"\"作为换行标识符，但是此时需要注意换行后的内容顶格写，如果采取缩进方式，开头的空格也会被计算进字符串中。例如：

```
printf("Hello \
World!\n");   /*World 需要顶格*/
```

为了避免顶格引起的阅读不适问题，可以采用连续""。C 语言规定，连续使用""引起的字符串常量，会默认合并为一个字符串常量。所以上面一个实例可以写成：

```
printf("Hello "
"World!\n");
```

这样就不用担心未顶格时的空格被计入字符串了。

1.9　上机环境介绍

由于操作系统不同，所使用的 C 语言 IDE 工具也可能有所不同。常用的 C 语言 IDE 工具有 Visual C++、Dev C++、C-Free、CodeBlocks 等。本书使用 CodeBlocks 运行环境编写 C 语言程序代码，而课程的实验则在在线判题（Online Judgement，OJ）系统上提交完成。

1.9.1　在 CodeBlocks 下编写 C 语言程序

CodeBlocks 是一个开放源码的全功能跨平台 C/C++集成开发环境，由纯粹的 C++开发完成，可以用来编写多种程序，且不需要购买许可证、易学，是一款轻量又不失强大功能的好软件。其使用步骤如下。

（1）下载完成后解压，双击安装文件运行，安装 CodeBlocks。

（2）打开 CodeBlocks 工作界面，选择 File→New→Project 命令，创建新项目，如图 1-4 所示。

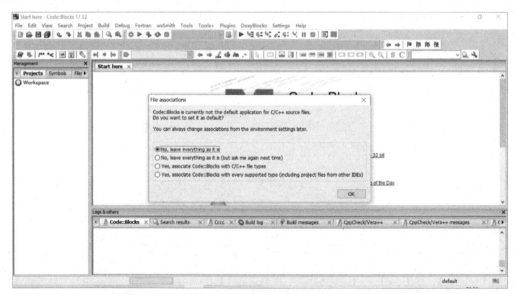

图 1-4　CodeBlocks 工作界面

（3）打开 New from template 对话框，先在对话框左侧列表框中选择 Projects 选项，再在右侧列表框中选择 Console application 类型项目，单击 Go 按钮，如图 1-5 所示。

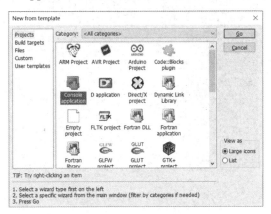

图 1-5　应用模板选择

（4）打开 Console application 对话框，选择 C 选项，单击 Next 按钮，如图 1-6 所示。

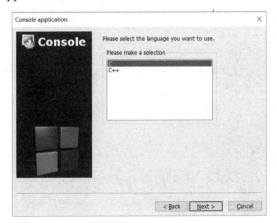

图 1-6　选择 C 选项

（5）设置项目名称，选择项目的保存路径，单击 Next 按钮，如图 1-7 所示。

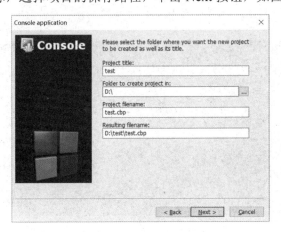

图 1-7　设置项目名称与项目保存路径

（6）在 Compiler 下拉列表中选择 GNU GCC Compiler 选项，勾选 Create "Debug" configuration 复选框和 Create "Release" configuration 复选框，单击 Finish 按钮，如图 1-8 所示。

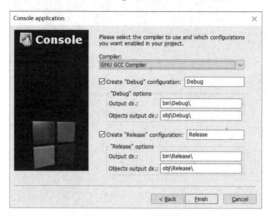

图 1-8 单击 Finish 按钮

（7）创建一个项目工程，该工程下面有一个 main.c 文件，包含一段输出 "Hello World!" 的代码，如图 1-9 所示。

图 1-9 代码编辑界面

单击 按钮，编译并运行程序，结果如图 1-10 所示。

图 1-10 程序运行结果

CodeBlocks 可以很方便地使用 Ctrl 键结合鼠标滚轮的滚动来控制编辑窗口中代码的字体大小，还有一键格式化代码功能，方便增加代码可读性。先选中需要格式化的代码并右击，从弹出的快捷菜单中选择 Format use AStyle 命令即可。可以在 Settings 菜单中预先设置代码风格及代码格式化快捷键。

1.9.2　使用 OJ 系统

OJ 系统是一种在编程竞赛中用来测试参赛程序的在线系统，一般分为客户端和服务端两部分。用户在客户端提交代码，而服务端在接收到提交的代码后，自动编译代码。如果编译有错误，则把错误信息反馈给用户。如果没有错误，则在题目规定的限制环境下运行该代码。在服务端，每道题目一般至少对应两个数据文件，测试输入文件和输出文件，数据文件中存储着系统判断题目时的测试数据，对用户不可见。当系统运行代码时，会打开测试输入文件来读取测试数据，将运行得到的结果写入一个临时结果文件中。将临时结果文件和测试输出文件中的内容进行比较，如果两者完全相同，则该题目提交正确，否则反馈格式错误、答案错误、超时超内存等错误信息。OJ 系统还可以对用户解题进行排名，以用户提交答案通过的数量或某个题目执行时间快慢为排名依据。

一道 OJ 题目通常由 7 部分组成：标题、题目描述、输入、输出、样例输入、样例输出和提示，如图 1-11 所示。

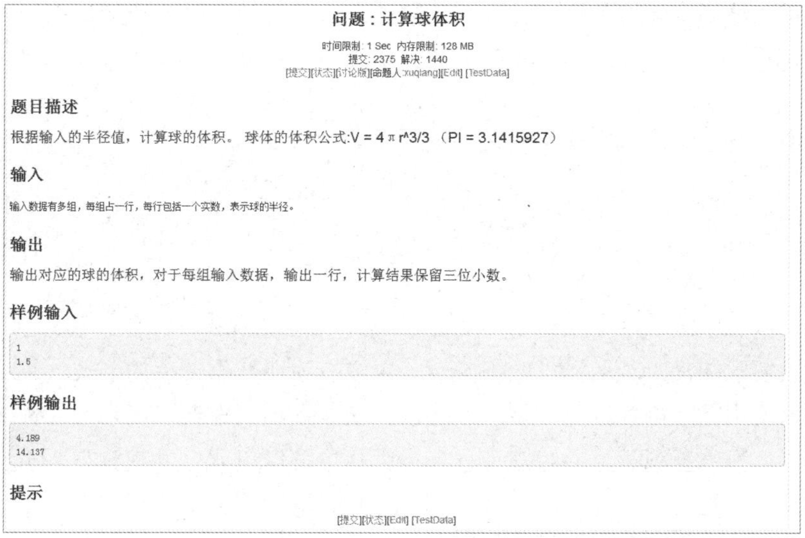
问题：计算球体积

时间限制: 1 Sec 内存限制: 128 MB
提交: 2375 解决: 1440
[提交][状态][讨论版][命题人:xuqiang][Edit] [TestData]

题目描述

根据输入的半径值，计算球的体积。 球体的体积公式:V = 4 π r^3/3 （PI = 3.1415927）

输入

输入数据有多组，每组占一行，每行包括一个实数，表示球的半径。

输出

输出对应的球的体积，对于每组输入数据，输出一行，计算结果保留三位小数。

样例输入

```
1
1.5
```

样例输出

```
4.189
14.137
```

提示

[提交][状态][Edit] [TestData]

图 1-11　OJ 题目组成

在标题中，除了有题目名称，一般还有两个重要信息：时间限制和内存限制。提交的代码必须在规定时间和内存使用限制范围内得到结果，否则会发生超时和超内存错误。

通常，OJ 题目的评判非常严格，因此，对每道 OJ 题目的输入/输出和样例输入/输出都应该加以仔细研究，一般先在 IDE 上运行正确无误后再到 OJ 系统上提交代码，否则提交错误可能会对排名造成影响。

OJ 系统中题目的输入情况大体上有以下 5 种。

（1）无输入。

此时题目中输入要求一栏下面为空。在代码中不需要使用 scanf 语句读取数据。

（2）输入只有一组测试数据。

一组测试数据并不是说只有一个测试数据。只要测试数据的个数是一个常量，都属于一组测试数据。此时使用 scanf 语句即可读入测试数据，例如：

输入要求：输入 4 个圆的半径值（整数）。

在程序中使用 "scanf("%d%d%d%d", &r1, &r2, &r3, &r4);" 一次性读入 4 个半径值即可。

（3）输入要求中明确规定有若干组测试数据，数据组数是一个变量。

此时需要先使用 scanf 语句读入数据组数 n，再循环 n 次读入所有测试数据。例如：

输入要求：输入一个整数 n，表示有 n 个行程需要计算费用。一共有 n 行，每行中有一个整数 T，表示行程的公里数。

在程序中，可以考虑编写如下代码：

```
scanf("%d", &n);
while(n-- && scanf("%d", &T))
{
    …
}
```

（4）输入要求中没有明确说明有几组测试数据，但说明了数据结束的形式。

此时应该在循环中读入数据，并判断该数据是否符合结束时的形式。例如：

输入要求：输入若干组精度要求 n（3≤n≤8），当 n=0 退出时，n 超出范围，输出 "Error!"。

在程序中，可以考虑编写如下代码：

```
int n;
while(scanf("%d", &n) && n)
{
    …
}
```

（5）输入要求中没有说明测试数据组数，也没有说明数据结束的形式。

此时应该使用循环语句读取数据，一直读到输入数据文件的末尾为止。例如：

输入要求：输入多组数据，每组占一行，由 4 个实数组成，分别表示 x1、y1、x2、y2，数组之间用空格隔开。

在程序中，则可以考虑编写如下代码：

```
while(scanf("%f%f%f%f", &x1, &y1, &x2, &y2) != EOF)
{
    …
}
```

在使用 OJ 系统做题时，应该先仔细通读题目，特别注意输入/输出和样例输入/输出中的说明和提示，判断该题目的输入属于上述 5 种情况中的哪一种，采用不同的数据输入处理方法，提交正确代码解出题目。

1.10　本章小结

本章首先简要介绍了计算机中信息的二进制表示及二进制数、八进制数、十六进制数和十进制数之间的相互转化，还介绍了程序设计的一些基本概念、程序设计语言 C 语言的发展过程。

其次详细介绍了 C 语言程序的基本组成部分：头文件包含、符号常量定义、main()主函数头和函数体的编写。函数体的编写主要有变量声明、数据输入、数据处理和结果输出 4 部分。读者通过学习此部分内容能对 C 语言程序有一个初步的了解。

再次介绍了 C 语言程序的开发运行过程与良好的程序设计风格。C 语言的开发运行包括代码编辑、编译、连接和运行 4 个过程。强调良好的程序设计风格要注意多用注释、养成良好的命名习惯和程序编排习惯。

最后介绍了本书使用的集成开发环境 CodeBlocks 的安装和使用，以及在线判题系统 OJ 的使用，特别介绍了 5 种输入情况的应对方法。

习题 1

1. 计算机中一个字节的二进制位数为（　　）。
   A. 16　　　　　　　B. 8　　　　　　　C. 32　　　　　　　D. 64
2. 一个 C 语言编写的可执行程序必须有一个（　　）。
   A. 库函数　　　　B. 主函数　　　　C. 被调函数　　　　D. 子函数
3. 以下叙述中正确的是（　　）。
   A. C 语言程序中注释部分可以出现在程序中任意合适的地方
   B. 构成 C 语言程序的基本单位是函数，所有函数名都可以由用户命名
   C. 花括号 "{}" 只能作为函数体的定界符
   D. C 语言程序的书写格式是固定的，每行只能编写一条语句
4. 以下 4 个程序中完全正确的是（　　）。

```
A.  #include <stdio.h>
    int mian()
    {
        printf("Programming!\n");
        return 0;
    }


B.  #include <stdio.h>
    void main()
    {
        printf("Programming!\n");
        return 0;
    }
```

```
C.    #include <stdio.h>
      int main();
      {
          printf("Programming!\n");
          return 0;
      }

D.    #include <stdio.h>
      int main()
      {
          printf("Programming!\n");
          return 0;
      }
```

5. C 语言发展过程中的 ABC 过程指的是（　　　　）。

    A．大写英文字母　　　　　　　　　　B．标识符

    C．Algol60、B 语言、C 语言　　　　　D．美国广播公司

6. 将十进制数 1236、255 和 65536 分别转换为二进制数为_____、_____和_____。

7. 将二进制数 101111001110 转换为十进制数为_____，八进制数为_____和十六进制数为_____。

8. 假设计算机用 16 位表示一个整数，-1 的二进制表示形式为_____。

9. C 语言中表示语句结束的符号是_____。

10. C 语言源程序文件的扩展名通常为_____。

11. 熟悉 CodeBlocks 编程环境和 OJ 系统的使用。

12. 如何运行 C 语言程序？有哪些步骤？

13. 在 C 语言中，为了使用 scanf()、printf()等输入/输出函数，需要包含哪个头文件？

14. 写出下面代码片段的输出结果。

```
printf("%f", 58.0);
```

15. 找出并修正下面程序中的错误。

```
#include <stdio.h>;
int mian(void)
{
    Printf("Welcome to C!\n")
    return 0;
}
```

16. 下面的程序要输出 4 个 printf()函数中的文本。找出并修正程序中的错误。

```
printf("My ");           /*第一条
printf("car ");          //第二条
printf("has ");          /*第三条*/
printf("fleas.");        //第四条
```

17. 编写程序，在 CodeBlocks 上输出诗人李白的《静夜思》，输出结果如下。

　　静夜思

　　　李白

床头明月光，

疑是地上霜。

举头望明月，

低头思故乡。

18. 编写程序，使用 printf()函数在屏幕上输出如下图形。

```
      *
     *
    *
*   *
* *
  *
```

19. 仿照例 1-2，编写程序，先输入两个整数，再输出两个整数之积。

20. 仿照例 1-3，编写程序，先输入球体的半径，再计算并输出球体的表面积和体积。

第 2 章　C 语言基础

本章要点

- C 语言的标识符。
- C 语言的基本数据类型。
- 常量与变量。
- 算术运算符、赋值运算符和类型强制转化运算符。
- 表达式。

程序设计的目的是解决问题，核心任务是数据处理。数据类型是对程序所处理的数据的抽象，它的引入是为了更方便地表示现实世界。按照数据的性质、表示形式、占据存储空间的多少及构成特点，C 语言将数据划分为不同的数据类型。此外，C 语言提供了丰富的运算符，可以构成多种不同的表达式，能实现多种基本操作。本章主要介绍 C 语言的标识符与关键字、基本数据类型、常量、变量、运算符与表达式基础知识。

2.1　标识符与关键字

标识符在 C 语言中是用来起名字的，如变量名、符号常量名、数组名、函数名、结构类型名等。标识符中英文字母的大小写是有区别的。标识符由大小写英文字母、数字字符和下画线组成，首字符不能是数字。标识符的取名要做到"见名知义"。

下面是一些合法的标识符实例。

```
times10
get_next_char
_done
```

下面是一些非法的标识符实例。

```
10times
get-next-char
```

不合法的原因是：10times 以数字开头，get-next-char 使用了减号而不是下画线。

标识符主要由保留字和用户自定义标识符组成。保留字又被称为"关键字"，是 C 语言规定的、赋予特殊含义且有专门用途的标识符。它只留给系统使用，因此用户在自定义标识符时不能使用关键字。C89 中有 32 个关键字，如表 2-1 所示。

表 2-1　C89 关键字

char	short	int	unsigned
long	float	double	struct
union	void	enum	signed
const	volatile	typedef	auto
register	static	extern	break
case	continue	default	do
else	for	goto	if
return	switch	while	sizeof

C99 中新增了 5 个关键字，如表 2-2 所示。

表 2-2　C99 中新增的关键字

_Bool	_Complex	_Imaginary	inline	restrict

C11 中又新增了 7 个关键字，如表 2-3 所示。

表 2-3　C11 中新增的关键字

_Alignas	_Alignof	_Atomic	_Generic
_Noreturn	_Static_assert	_Thread_local	

　　C89 标准指出，以下画线后跟一个大写字母开头的标识符是保留字，不能被用户使用，如上述 C99 中的_Bool、_Complex 等。

　　另外，标识符最好也不要取 C 语言标准库函数已经使用的名字，如 printf，否则会改变原有的含义。

　　C 语言没有规定标识符的最大长度限制，但通常有一些具体实现限制。C89 规定编译器至少要能够处理 31 个字符及以内的内部标识符、6 个字符及以内的外部标识符。C99 把这两个数字限制提高到 63 和 31。内部标识符是指局部声明它的文件的标识符；外部标识符是指可以被声明该标识符的文件之外的其他文件访问。

2.2　基本数据类型

　　数据是程序处理的对象。C 语言在程序处理数据之前，要求任何数据都必须具有明确的数据类型。数据类型包含数据在计算机内部的表示方式、数据的取值范围及在该数据上可进行的操作。用户在程序设计过程中所用的每个数据都要根据其不同的用途赋予不同的数据类型，一个数据只能有一种数据类型。

　　C 语言中的数据类型主要分为基本数据类型、构造数据类型、指针类型、空类型，如图 2-1 所示。

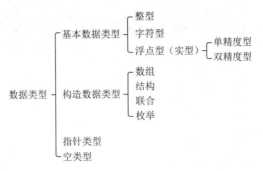

图 2-1　C 语言数据类型

　　C 语言的基本数据类型有 3 种：整型、字符型和浮点型（实型），如表 2-4 所示。其他数据类型都是在这 3 种基本数据类型的基础上构造出来的。

表 2-4　C 语言基本数据类型

类　别	名　称	类　型　名	数据长度	取值范围
整型	[有符号]短整型	short[int]	16 位	$-32768 \sim 32767$
	[有符号]整型	int	32 位	$-2147483648 \sim 2147483647$
	[有符号]长整型	long[int]	32 位	$-2147483648 \sim 2147483647$
	[有符号]长长整型	long long[int]	64 位	$-2^{63} \sim 2^{63}-1$
	无符号短整型	unsigned short[int]	16 位	$0 \sim 65536$
	无符号整型	unsigned[int]	32 位	$0 \sim 4294967295$
	无符号长整型	unsigned long[int]	32 位	$0 \sim 4294967295$
	无符号长长整型	unsigned long long[int]	64 位	$0 \sim 2^{64}-1$
字符型	[有符号]字符型	char	8 位	$-128 \sim 127$
	无符号字符型	unsigned char	8 位	$0 \sim 255$
浮点型（实型）	单精度浮点数	float	32 位	$\pm(3.4E-38 \sim 3.4E+38)$
	双精度浮点数	double	64 位	$\pm(1.79E-308 \sim 1.79E+308)$
	长双精度浮点数	long double	128 位	$\pm(1.2E-4932 \sim 1.2E+4932)$

2.2.1　整型

　　C 语言支持 4 种整数类型：短整型（short int）、整型（int）、长整型（long int）和长长整型（long long int）。每种整型又分为两大类型：有符号型（signed）和无符号型（unsigned）。一共可以组合出 8 种不同类型。

　　在默认情况下，C 语言中的整型都是有符号的，signed 可以省略不写。有符号的整型数既可以是正数，也可以是负数，正/负号由二进制表示中的最高位来表示。0 表示正数，1 表示负数。例如，有符号短整型数 25743 和-12345 的二进制表示形式如图 2-2 所示。无符号整型数据不包括负整数，其二进制表示形式中没有符号位。短整型、长整型和长长整型中的 int 也可以省略不写，只需要写上 short、long 和 long long 即可。

图 2-2　有符号短整型数 25743 和-12345 的二进制表示

64 位长整型有 long long 和_int64 两种表示方法。long long 是 C99 标准引进的新数据类型，用于 GCC/C++，不能用于 VC6。_int64 只用于 32 位 Windows 编译器，不能用于 Linux。在 Windows 下的 Dev-C++、CodeBlocks 等大多采用 MinGW 编译环境，它与 GCC 兼容，所以支持长整型。格式说明符"%lld"用于 GCC/C++及其兼容平台编译器，"%l64d"用于 32 位 Windows 编译器。

由于计算机表示能力的限制，C 语言中能表示的整型数据的范围是有限的。以有符号短整型为例，从表 2-4 可知，它能表示的数据范围是-32768～32767。-32768 用二进制形式表示为 1000 0000 0000 0000，32767 用二进制形式表示为 0111 1111 1111 1111。需要注意的是，在有符号短整型的范围内，32767 加 1 将发生溢出，其结果为-32768，如图 2-3 所示。同样-32768 减 1 将得到-32767。也就是说，在 C 语言中，有符号短整型的取值范围实际上形成了一个闭环，从其任意一个整数开始，一直加 1 或减 1 都能遍历整个取值范围。无符号短整型、整型与长长整型都是一样的。

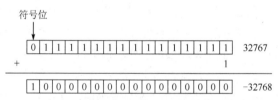

图 2-3　短整型 32767 加 1 溢出示意图

32 位整型最多能表示 12 的阶乘（4 7900 1600），最多能表示第 46 个斐波那契数（18 3631 1903）。64 位长整型能表示的最大正整数是 1844 6744 0737 0955 1615（$2^{64}-1$），最多能表示 20 的阶乘及第 93 个斐波那契数。在处理整型数据时，要注意防止数据溢出。

2.2.2　浮点型

浮点型又被称为"实型"，是指存在小数点的数，如 3.14、.123、123.都是浮点数。浮点数分为单精度浮点数（float）和双精度浮点数（double）。当对精度要求极高时，还可以使用长双精度浮点数（long double），ANSI C 标准并未规定长双精度浮点数的确切精度，但规定其精度不少于双精度浮点数的精度。不同平台可能会有不同实现，8 字节、10 字节、12 字节或 16 字节都有可能。在 CodeBlocks 中，长双精度浮点数是 12 字节，有效数字约为 17~18 位。

在浮点数的二进制表示中，float 和 double 的具体存储方式如图 2-4 所示，其精度由尾数部分的位数决定。整数部分隐含的 1 是不变的，不能对精度造成影响。float 的尾数共有 23 位，而 2^{23}=8388608，这意味着 float 最多有 7 位有效数字，能确保 6 位，因此其精度为 6~7

位有效数字，double 的尾数共有 52 位，同理其精度为 15～16 位有效数字。

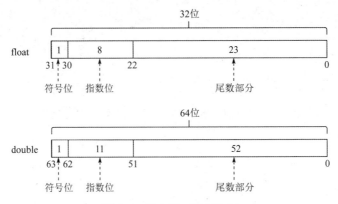

图 2-4   浮点数二进制表示

一般来说，C 语言中使用浮点数可以存储比整数大得多的数值，但是浮点数进行算术运算时速度较慢，且所存储的数值往往只是实际数值的一个近似值。例如，0.1 保存到浮点数中可能只得到 0.099 999 999 999 999 87。这是使用二进制表示浮点数形成的舍入误差。这个问题在编程中必须重视，如要避免出现浮点数的相等判断等语句。

2.2.3   字符型

文本最基本的元素是字符，为了方便计算机处理文本，C 语言提供了字符型（char）。

字符型也分为有符号型和无符号型。C 语言标准没有规定 char 类型是有符号型还是无符号型，不同编译器可能有不同处理。在编写程序时，通常不用关心 char 类型是有符号型还是无符号型。需要时，用户可以通过添加 signed 或 unsigned 明确指定 char 类型是有符号型还是无符号型。

字符在计算机内部存储的是该字符的二进制编码值。在不同字符编码方案中，同一字符的编码值是不同的。最常用的字符编码方案是 ASCII 码字符集，其中每个字符占用 1 字节。

由于 C 语言中字符的 ASCII 码是按顺序存放的，它的有效值是 0～127。因此，字符也可以像整数一样在程序中参与运算，但是要注意不要超出它的有效范围。

2.3   常量

在程序运行过程中，值不能改变的量称为"常量"，又被称为"字面量"。常量可以是任何基本数据类型，可以分为直接常量和符号常量。

2.3.1   直接常量

直接常量就是在程序中直接写出来的量，按不同数据类型有整型常量、浮点型常量、字符常量和字符串常量。下面分别对它们进行介绍。

1．整型常量

在无符号整型中，存储单元的最高位不表示符号位，全部用来表示数值。

整型常量即整常数。在 C 语言中，整型常量可用以下 3 种形式表示。

（1）十进制整数由数字 0～9 和正/负号组成，没有前缀，不能以 0 开头，如 125、344、–582 等。十进制有符号整型的格式说明符为"%d"，十进制无符号整型的格式说明符为"%u"。

（2）八进制整数以数字 0 开头，由数字 0～7 组成，如 0225 表示八进制数 225、十进制数 149，而–149 的八进制表示形式可以写成补码形式 037777777553，也可以写成–0225，其格式说明符为"%o"。

（3）十六进制整数以 0x 或 0X 开头，由数字 0～9 和字母 a～f（或 A～F）组成，如 0x225 表示十六进制数 225、十进制数 549，十六进制数的负数表示形式和八进制数的负数表示形式类似，其格式说明符为"%x"或"%X"。

普通的写法 225 则被认为是 int 类型，如果要表示 long 类型的 225，则应该写为 225L，要表示 64 位长整型的 225，应该写为 225ll 或 225LL，要表示无符号长整型的 225，应该写为 225LU 或 225UL。

2．浮点型常量

浮点型常量的小数点不可省，整数和小数部分都可省，但不能都省略不写。浮点数的表示形式有小数形式和指数形式（科学记数法）两种。在用指数形式表示时，e 或 E 之前必须有数字，指数必须为整数。例如，12.3e3、1.23E-4 等都是合法的表示形式。如果只写 3.14，则默认是 double 类型。如果要表示 float，则应该写为 3.14F 或 3.14f。如果要表示 long double，则应该写为 3.14L 或 3.14l。

格式说明符"%f"适用于输入/输出小数形式的单精度浮点数。格式说明符"%e"适用于输入/输出指数形式的单精度浮点数。格式说明符"%g"根据单精度浮点数的大小自动选择输入/输出是用小数形式还是指数形式。

输入双精度浮点数，必须在格式说明符的字母 f、e 和 g 前面添加小写字母 l，输出双精度浮点数，可以不用添加小写字母 l。输入/输出长双精度浮点数，则必须在格式说明符的字母 f、e 和 g 前面添加大写字母 L。

3．字符常量

每个字符型数据在内存中占用 1 字节，用于存储它的 ASCII 码值（见附录 A）。由于大小写字母及数字字符都是按顺序连续存放的，我们在记忆这些字符的 ASCII 码值时，只需要记住第一个字符的 ASCII 码值即可，其他字符按次序相加一定数值即可。如字符'0'的 ASCII 码值是 48，'A'的 ASCII 码值是 65，'a'的 ASCII 码值是 97。

字符不但可以写成字符常量的形式，也可以用相应的 ASCII 码表示该字符。在利用 scanf() 函数和 printf()函数进行格式输入/输出时，字符的格式说明符为"%c"。

字符常量指单个字符，用一对单引号及其括起来的字符来表示。如'a'、'?'、' '（空格符）和'3'等都是字符常量。如果一对单引号中有多个字符，在 CodeBlocks 和 Dev-C++中只接收最后一个字符，这个通常与具体机器与系统有关。例如：

```
01 #include <stdio.h>
02 int main()
03 {
04     char ch = '123456';
05     printf("%c", ch);
06     return 0;
07 }
```

上述代码的输出结果为 6。

有一些字符，如回车符等控制码不能在屏幕上显示，也无法从键盘上输入，只能用转义字符来表示。转义字符由反斜杠加上一个字符或数字组成，它把反斜杠后面的字符或数字转换成别的意义。虽然转义字符形式上由多个字符组成，但它是字符常量，只代表一个字符。表 2-5 列出了一些常用转义字符。

表 2-5　常用转义字符

字　　符	含　　义	ASCII 码值
\a	响铃	7
\b	退格，将当前光标位置移动到前一列	8
\f	换页，将当前光标位置移动到下页开头	12
\n	换行，将当前光标位置移动到下一行开头	10
\r	回车，将当前光标位置移动到本行开头	13
\t	水平制表，跳转到下一个 TAB 位置	9
\v	垂直制表	11
\\	表示一个反斜线字符	92
\'	表示一个单引号字符	39
\"	表示一个双引号字符	34
\0	空字符	0
\ddd	1～3 位八进制整数为 ASCII 码所代表的字符	八进制数
\xhh	1～2 位十六进制位为 ASCII 码所代表的字符	十六进制数

根据表 2-5 可知，一个字符常量'A'可以表示为八进制转义字符'\101'，还可以表示为十六进制转义字符'\x41'，甚至可以直接写为 65。八进制转义字符中的八进制数不一定要用 0 开头，十六进制转义字符中的 x 必须小写。此外，'\107'是合法的转义字符，因为反斜杠后面的 1、0、7 都是八进制数，系统在识别时会尽量取最长的组合'\107'，而'\108'却会被理解成两个字符'\10'和'8'的组合，因此它不是合法的转义字符。

转义字符可嵌在字符串中使用。例如，"hello\tworld"、"\101\102\103DEF"等。

4．字符串常量

字符串常量是由一对双引号括起来的字符序列，序列中的字符个数称为"字符串长度"，字符串长度可以是 0。例如，"world"、"123456"、"3.14L"、"The C Programming Language"等均为字符串常量。如果双引号括起来的字符串中出现了特殊字符单引号（'）、双引号（"）和反斜杠（\），则必须在前面添加反斜杠，如'\''、'\"'、'\\'。

在内存中存储字符串常量时，系统会自动在字符串末尾添加字符串结束标志字符'\0'，它的 ASCII 码值为 0。在计算字符串长度时，'\0'不被计算在内，而在计算字符串占用内存字节数时，它必须被计算在内。

2.3.2　符号常量

符号常量是指用标识符命名的常量，其实质是直接给常量再取一个名字，主要是为了方便理解，提高程序可读性，方便后续维护程序。习惯上符号常量使用大写字母和下画线来命名，主要有以下两种实现形式。

（1）使用 const 声明，语法格式如下：

```
const 类型 符号常量名 = 常量值;
```

例如：

```
const int BAUD = 9600;
```

（2）使用预处理命令#define 来声明，语法格式如下：

```
#define 符号常量名 常量值
```

例如：

```
#define BAUD 9600
```

需要注意的是，当使用 const 声明符号常量时结尾有分号，它实质上是使用 const 修饰的变量声明。当使用#define 声明符号常量时结尾没有分号，在编译时把程序中出现符号常量名的地方都替换为相应的常量值。经过上述声明后，在程序中出现的 BAUD 实际上指的是 9600。

2.4　变量

与常量相对应，在程序运行过程中值可以改变的量称为"变量"。例如，0.001234、143543、12345678 等都是常量，x 是变量。常量和变量都具有数据类型。常量的数据类型通常由书写格式决定，如 100 是整型常量（整数），而数值中带有小数点的 123.45 则是浮点型常量（实数）。变量的类型在定义时指定，其定义形式如下：

```
类型名 变量名表;
```

类型名为 C 语言中有效的数据类型。变量名表可以只有一个变量，或者是由逗号隔开的多个变量名。例如：

```
int n;
int celsius, fahr;
```

C 语言中每种基本数据类型的变量为了保存数据需占用一定字节的内存空间，通常和编译系统有关。一般来说，char 类型占用 1 字节，short 类型占用 2 字节，int、long 类型和 float 类型占用 4 字节，double 类型占用 8 字节。占用字节越多，能表示的数值越多，精度也越高。

给变量命名要做到"见名知义"，避免取毫无意义的变量名。C 语言中的变量要区分大小写字母，且必须先定义再使用。每个变量根据具体需要声明为相应的类型。

2.5 运算符与表达式

表达式是由运算符和运算对象（操作数）组成的有意义的运算式。运算符是指具有运算功能的符号。运算对象是指常量、变量和函数等表达式。C 语言中的运算符按照操作数的个数可以分为单目运算符、双目运算符和三目运算符。大部分运算符为双目运算符，少量运算符为单目运算符，而条件运算符为唯一的三目运算符。

学习运算符需要掌握两个重要性质：优先级和结合性。C 语言中每个表达式都有自己的值，只有掌握好运算符的优先级和结合性才能正确理解并计算出表达式的值。就优先级来说，一般有单目运算符＞双目运算符＞三目运算符。结合性分为左结合性和右结合性。除单目运算符、三目运算符和赋值运算符是右结合性外，其余都是左结合性。

2.5.1 算术运算符和算术表达式

算术运算符（+、−、*、/、%）是双目运算符，它们都有两个操作数。需要注意的是，+、−还可以表示正/负号，如+10、−20，此时它们是单目运算符，如表 2-6 所示。

表 2-6 算术运算符及其说明

运 算 符	名 称	类 型	优 先 级	结 合 性
+	正号运算符	单目	2	右结合
−	负号运算符			
*	乘号运算符	双目	3	左结合
/	除号运算符			
%	取余号运算符			
+	加号运算符		4	
−	减号运算符			

表 2-6 中的优先级数值越小，表示优先级越高。+（加号运算符）、−（减号运算符）、*、/、%为左结合性，+（正号运算符）、−（负号运算符）和=为右结合性。当表达式中的操作数两边都有运算符时，如果两个运算符的优先级不同，则该操作数先参与优先级高的运算符的运算；如果两个运算符的优先级相同，则根据结合性来判断该操作数先参与哪个运算。例如，表达式 5 + 7 * 3，操作数 7 的两边有加法运算+和乘法运算*，乘法运算优先级高，可先在乘法运算两边加一对括号，故该表达式等价于 5+(7 * 3)。表达式 5 + 7 − 3，操作数 7 的两边有加法运算+和减法运算−，两者优先级相同，且都是左结合性，故 7 先参与左边的加法运算，应该这样添加括号 (5 + 7) − 3。

运算符的优先级和结合性只是确定了表达式中如何添加括号，并不表示在计算表达式的值的过程中优先级高的运算先计算出值。表达式中各个运算符的实际运算顺序由入栈顺序决定。例如，表达式 8 + 7 + 6 * 5，8 + 7 的加法运算先于 6 * 5 乘法运算完成。

事实上，在运算符没有副作用的情况下，高优先级的运算符先计算并不会影响到表达式正确的值。

在 C99 中，除法的结果总是向零取整的，i%j 的符号与 i 符号相同。例如，–5 % 2 和 5 % (–2)的取余运算过程：先按正数取余，符号由被除数决定。上述两个实例的结果为–1 和 1。

算术表达式的值即算术运算完成后最终得到的值。

算术运算符的使用注意事项如下。

（1）两个整数相除，其结果一定为整数。当表达式中出现除法运算时需要注意，仔细检查除号两边操作数是否可能都为整数，一般会对结果有很大影响。例如，计算三角形面积，如果表达式写成 s = 1 / 2 * a * h，则 s 的值永远为 0，此时可把除号任意一边的操作数改为浮点数即可得到正确结果。

（2）取余运算符只能用于整数，不能用于浮点数。

（3）加、减、乘、除运算符两边的操作数要相同，如果不同则会进行类型自动转换，使两个操作数的类型一致后再进行运算。例如，表达式 s = 1.0 / 2 * a * h，除号两边操作数分别为 1.0 和 2，其类型不一致，先自动将 2 转换为 2.0，再进行浮点数的除法运算 1.0 / 2.0，其结果为 0.5。

【例 2-1】把下列式子改写成相应算术表达式。

（1）$s(s-a)(s-b)(s-c)$；（2）$\dfrac{\pi r^2}{2}$；（3）$\dfrac{x}{x+y}+\dfrac{1}{xy}$。

解：在式子（1）中，相乘需要用乘号*，相应的算术表达式为 s * (s – a) * (s – b) * (s – c)。

在式子（2）中，C 语言没有定义 π 常量，故只能用近似值 3.14159 代替，相应的算术表达式为 3.14159 * r * r / 2。

在式子（3）中，注意在写最终算术表达式 x / (x + y) + 1 /(x * y)时，不要少写括号。

2.5.2　赋值运算符和赋值表达式

C 语言将赋值作为一种运算，它是双目运算符。赋值表达式的语法格式如下：

变量 = 表达式

右侧表达式也可以是一个赋值表达式，甚至可以是其他任意表达式。左侧必须是左值。所谓左值表示存储在内存单元中的对象，而不是常量与计算结果。变量、数组元素和指针间接运算式都属于左值。赋值表达式的计算过程：先计算赋值运算符右侧的表达式的值，再把该值赋给左侧的变量。赋值运算符及其说明如表 2-7 所示。

表 2-7　赋值运算符及其说明

运 算 符	名 称	类 型	优 先 级	结 合 性
=	赋值运算符	双目	14	右结合

赋值表达式的值就是赋值运算完成后左侧变量的值。例如：

① a = 3 * 5。

在该表达式中，乘法运算符的优先级高于赋值运算符的优先级，因此操作数 3 先与 5 结合，即 a = (3 * 5)，把乘法运算的结果 15 赋给变量 a，变量 a 的值为 15，整个赋值表达式的值为 15。

② a = (b = 4) + (c = 6)。

赋值表达式 b = 4 和 c = 6 的值分别是 4 和 6，相加后的结果为 10，再赋给变量 a，变量

a 的值为 10，整个赋值表达式的值为 10。

赋值运算符可以分为简单赋值运算符(=)和复合赋值运算符(op=)。复合赋值运算符中的 op 可以是算术运算符和位运算符。复合赋值运算符的优先级和简单赋值运算符的优先级相同。除极个别 a 有副作用的情况外，一般来说，复合赋值运算与如下赋值运算过程是等价的：

a op= b 等价于 a = a op (b)。

交换两个整数 a 和 b 的值可以写成：

a += b; b = a − b; a −= b;。

大多数 C 语言运算符不会改变操作数的值，但也有一些会改变，这类运算符不仅能计算出值，而且它们具有副作用。赋值运算符是第一个具有副作用运算符，它改变了运算符的左操作数。当赋值表达式嵌套时，尤其要注意发生副作用的情况。例如：

③ 如果 int a = 5;，则求表达式 a += a −= a * a 的值。

该表达式中有+=、−=和*运算符，其中算术运算符*的优先级最高，+=和−=的优先级相同，结合性为右结合性。因此该表达式添加括号后为：a += (a −= (a * a))。

a * a 的结果为 25，再进行 a −= 25 的运算，此时 a 的值被修改为-20，该赋值表达式的值为-20，再进行 a += −20 的运算，由于此前 a 的值已经为-20，故最终 a 的值被修改为-40，整个表达式的值为-40。

赋值运算符的使用注意事项为：如果赋值运算符两侧的变量和表达式值的数据类型不同，则系统会将赋值运算符右侧表达式值的数据类型自动转换为左侧变量的数据类型后，再将值赋给左侧的变量。

【例 2-2】编写程序，从键盘上输入一个 3 位正整数，计算并输出该正整数中各位数字的和。例如，932 中各位数字的和为 9+3+2=14。

例题分析：在计算正整数的各位数时，需要反复运用%和/运算符。n % 10 表示正整数 n 的个位数。例如，932 % 10 得到 932 的个位数 2，而 n / 10 相当于把 n 的最后一位数去掉，再对它进行%运算就可以得到 n 的十位数。例如，932 / 10 % 10 可得到 932 的十位数 3。n / 100 相当于把 n 的最后 2 位数抹掉，此时再进行%运算就能得到 n 的百位数，如此反复运算可以得到整数 n 的每一位数。

源代码：

```
01 #include <stdio.h>
02 int main()
03 {
04     int a, b, c, n;
05     printf("输入一个 3 位正整数: ");
06     scanf("%d", &n);
07     a = n % 10;          /*个位数*/
08     b = n / 10 % 10;     /*十位数*/
09     c = n / 100;         /*百位数*/
10     printf("%d 的各位数字的和: %d\n", n, a + b + c);
```

```
11      return 0;
12 }
```
运行结果：
```
输入一个 3 位正整数：769↙
769 的各位数字的和：22
```

2.5.3　长度运算符

长度运算符 sizeof 是一个单目运算符，用来返回变量或数据类型的字节长度。长度运算符及其说明如表 2-8 所示。它的语法格式如下：
```
sizeof(常量 或 变量 或 数据类型)
```

表 2-8　长度运算符及其说明

运 算 符	名　　称	类　　型	优 先 级	结 合 性
sizeof	长度运算符	单目	2	右结合

例如，假设 a 为整型变量，sizeof(88)、sizeof(a)和 sizeof(int)的结果都是 4。sizeof 运算符后面的一对括号也可以省略不写，但一般不建议这么做。

如果 sizeof 运算符后面是常量，则返回该常量在内存中占用的字节数。这里特别要注意字符常量和字符串常量。C99 规定，所有字符常量都作为整型常量来处理，它强调的是字符常量的整数属性，在内存中存储的是其 ASCII 码值，ASCII 码值是一个整数值，它占用 4 字节，所以 sizeof(字符常量)的结果为 4，但 sizeof(字符变量)的结果却为 1。在 C++中，字符常量占用内存字节数为 1，它强调了字符常量的字符属性。字符串常量在内存中占用的字节数等于该字符串中的长度（字符个数）再加 1。例如：
```
01 #include <stdio.h>
02 int main()
03 {
04      char ch = '4';
05      printf("%d,%d,%d", sizeof('4'), sizeof(ch), sizeof("4"));
06      return 0;
07 }
```
上述代码在 CodeBlocks 中的运行结果为"4,1,2"。

要查看使用的 C 语言编译器多少位可以通过用 sizeof(void *)查看通用指针的字节数来得到结果。

2.5.4　类型转换及其运算符

在 C 语言中，不同类型的数据可以混合运算，但需要先转换为相同类型再做运算。在函数调用时，传递的实参类型与匹配的形参类型不一致，或者函数返回的表达式的类型与函数返回值类型不匹配。在这些情况下，会发生相应的数据类型转换。数据类型的转换包括自动类型转换和强制类型转换。自动类型转换由编译系统自动完成，而强制类型转换则通过类型强制转换运算完成。

1. 自动类型转换

数据类型的自动转换遵循的规则如图 2-5 所示。

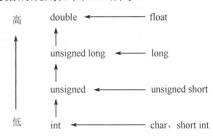

图 2-5　数据类型自动转换级别

在图 2-5 中，底层的数据类型比高层的数据类型级别低，右侧的数据类型比左侧的数据类型级别低。

在 C 语言中，整型算数运算总是至少以缺省 int 类型的精度来进行的，通用 CPU 难以直接实现两个字符或短整型直接相加运算。为了获得这个精度，表达式中字符和短整型操作数在使用之前都会被转换为 int 类型，才能送入 CPU 执行运算，这种转换称为"整型提升"。当发生整型提升时，前面位数是补 0 还是 1 要看原操作数的符号位。例如：

```
01 #include <stdio.h>
02
03 int main()
04 {
05     char a = 5,  b= 126;
06     /*5:00000000 00000000 00000000 00000101*/
07     /*a:0000 0101(截断操作) */
08     /*126:00000000 00000000 00000000 01111110*/
09     /*b:0111 1110*/
10     /*当a与b相加时，都是char类型，就会发生整型提升*/
11     /*int c = 00000000000000000000000 00000101 + 0000000000000000000000000
01111110*/
12     /*char c = 10000011(整型截断) */
13     /*以%d 输出，再次在内存中发生整型提升，再输出原码*/
14     /*int c = 11111111111111111111111110000011(补码) */
15     /*输出原码:10000000000000000000000011111101*/
16     char c = a + b;
17     printf("%d\n", c);
18     return 0;
19 }
```

运行结果：

```
-125
```

当进行赋值运算时，如果赋值号两边类型不一致，最好右侧表达式的类型比左侧变量的类型级别低，则系统将赋值号右侧表达式的类型自动转换为赋值号左侧变量的类型。如果右侧表达式的类型比左侧变量的类型级别高，则运算精度可能会降低或出现意想不到的结果。

2. 强制类型转换

使用强制类型转换运算符，可以将一个表达式转换为给定的类型。强制类型转换运算符及其说明如表 2-9 所示。

表 2-9　强制类型转换运算符及其说明

运 算 符	名　　称	类　　型	优 先 级	结 合 性
()	强制类型转换运算符	单目	2	右结合

强制类型转换运算符的语法格式如下：

(类型名)表达式

强制类型转换是运算符，不是函数，故不能把(int)x 写成 int(x)。无论是自动类型转换还是强制类型转换，都只是对数据进行临时转换，并没有改变数据原来的定义。

把一个浮点数强制转换为整型，实际上是把该浮点数的小数点后面的数据抹去，结果为该浮点数的整数部分。例如，(int)3.14 的结果为 3。

由于强制类型转换运算符的优先级比除法高，因此(double)(a + b) / 2 实际上相当于先把 a + b 的类型强制转化为 double，再除以 2，即((double)(a + b)) / 2。

把一个正浮点数 a 进行四舍五入的表达式可以写成(int)(a + 0.5)。

2.5.5　位运算符

位运算是指进行二进制位的运算。它是一种底层的运算，是最高效且占用内存最少的算法操作，比普通的运算要快得多，在底层编程中运用特别广泛。C 语言提供的位运算符及其说明如表 2-10 所示。

表 2-10　位运算符及其说明

运 算 符	名　　称	类　　型	优 先 级	结 合 性
&	位与运算符	双目	8	左结合
|	位或运算符		10	
^	位异或运算符		9	
~	位反运算符	单目	2	右结合
<<	左移运算符	双目	5	左结合
>>	右移运算符			

位运算符的操作数只能是具有整型数值的类型，不能用来操作浮点型数据。虽然 C 语言允许对有符号整数进行位运算，但通常将位运算的操作数作为无符号类型的整数。移位操作不会改变操作数的值。位运算符的运算规则为：先将两个操作数转换为二进制数，再按位运算。

（1）位与运算符&。

参与位与运算的两个操作数，如果对应的二进制位均为 1，则该位为 1，否则为 0。例如：

```
unsigned short a, b, c;        /* 无符号短整型占 16 位 */
a = 53;                        /* a 的二进制数表示为: 00000000 00110101 */
b = 22;                        /* b 的二进制数表示为: 00000000 00010110 */
c = a & b;                     /* c 的值为 20, 二进制数表示为: 00000000 00010100 */
```

```
    00000000 00110101    53
&   00000000 00010110    22
    00000000 00010100    20
```

判断一个数 n 是否是 2 的整数次幂可以写成: $(n \& (n-1)) == 0$。

（2）位或运算符 |。

参与位或运算的两个操作数，如果对应的二进制位均为 0，则该位为 0，否则为 1。例如：

```
c = a | b;                     /* c 的值为 55, 二进制数表示为: 00000000 00110111 */
```

```
    00000000 00110101    53
|   00000000 00010110    22
    00000000 00110111    55
```

（3）位异或运算符 ^。

参与位异或运算的两个操作数，如果对应的二进制位相同，则该位为 0，否则为 1。例如：

```
c = a ^ b;                     /* c 的值为 35, 二进制数表示为: 00000000 00100011 */
```

```
    00000000 00110101    53
^   00000000 00010110    22
    00000000 00100011    35
```

位异或运算有以下特殊性质。

```
a^a=0
a^~a=全 1 的二进制数
~(a^~a)=0
```

判断两个整数 x 和 y 是否异号：如果 $(x \wedge y) < 0$ 成立，则 x 和 y 异号，否则同号。

（4）位反运算符 ~。

位反运算符 ~ 是单目运算符。参与位反运算的操作数的各二进制数取反，即 0 变 1，1 变 0。

（5）位移运算符 << 和 >>。

在通常情况下，左移位运算后右端出现的空位补 0，移动到左端之外的位则舍弃。右移运算与操作数的数据类型是否带有符号位有关，当不带有符号位的操作数右移时，左端出现的空位补 0，移动到右端之外的位则舍弃；当带有符号位的操作数右移时，左端出现的空位按符号位复制补齐，移动到右端之外的位则舍弃。一般右移 1 位相当于除以 2，左移 1 位相当于乘以 2。

在 C 语言中，按位右移后左边补 0 的情况称为"逻辑右移"，左边补 1 的情况称为"算术右移"。对于逻辑右移的情况，每右移 1 位，相当于原操作数除以 2；对于算术右移的情况，每右移 1 位，相当于原操作数除以 2 再加 1。

位运算符可以与赋值运算符一起组成复合赋值运算符。

交换两个整数 a 和 b 的值也可以写成：a ^= b; b ^= a; a ^= b;。

2.6　本章小结

　　本章首先介绍了 C 语言的标识符和关键字。C 语言标识符由大小写字母、数字字符和下画线组成。首字符既不能是数字，也不能使用关键字。关键字是 C 语言规定的只给系统使用的具有特殊用途的标识符。

　　其次主要介绍了 C 语言的 3 种基本数据类型：整型、浮点型（实型）和字符型，以及相应的基本数据类型的常量和变量。

　　最后详细介绍了算术、赋值、sizeof、类型强制转化和位运算符及其相应的表达式。在学习运算符时，要注意掌握运算符的优先级和结合性，这样才能正确计算表达式的值。按照操作数个数分为单目、双目和三目运算符，一般是单目运算符的优先级最高，双目运算符的优先级次之，三目运算符的优先级再次之。在 C 语言中，要注意每种表达式都有自己的值。

习题 2

1．下面哪些标识符是合法的？

sum、Sum、day、Date、$123、stock_code、#44、Lotus_1_2_3、_invoice_total、printf、M.D.John、_above、char、a>b、3days。

2．下面哪些变量声明是正确的？

（1）integer accountCode;

（2）int age;

（3）bool boolean;

（4）decimal total;

（5）char letter;

3．添加括号，说明 C 语言编译器是如何解释下列表达式的。

（1）a * b − c * d + e

（2）a / b % c / d

（3）−a − b + c − +d

（4）a * −b / c − d

4．计算下列表达式的值。

（1）1 / 4 + 5

（2）2 * 8 % 5

（3）2 / 3 + 7 % 4 + 3.5 / 7

（4）2 + 2 * (2 * 2 − 2) % 2 / 2

（5）10 + 9 * ((8 + 7) % 6) + 5 * 4 % 3 * 2 + 1

5．将下列数学式子转换成表达式。

（1）$\dfrac{a}{b+c}$

（2） $\dfrac{3+4x}{5}-\dfrac{10(y-5)(a+b+c)}{x}+9\left(\dfrac{4}{x}+\dfrac{9+x}{y}\right)$

（3） $\dfrac{4}{3(r+34)}-9(a+bc)+\dfrac{3+d(2+a)}{a+bd}$

（4） $\dfrac{\pi}{a^2+\sqrt{b}}$

（5） $\dfrac{\sin x}{x}+\left|\cos\dfrac{\pi x}{2}\right|$

6. 假设 int a = 5, b = 4; double c = 3, d; ，下列表达式的值是什么？

（1）d = a / b

（2）d = (double) a / b

（3）d = c / b

（4）d = (int) c / b

（5）d = (int) c % 2

7. 找出并修正下列程序中的错误。

```
#include <stdio.h>
int Main()
{
    int i = k + 1;
    printf("%d\n",i);
    return 0;
}
```

8. 在 C 语言类型说明中，int、char 和 short 等类型的长度是（　　　）。

A. 固定的
B. 由用户自己定义的
C. 任意的
D. 与机器字的长度有关

9. 假设 n = 10, i = 4，赋值运算 n %= i + 1 执行后，n 的值是（　　　）。

A. 0
B. 3
C. 2
D. 1

10. 假设 x 和 y 均为 int 类型变量，则运行以下程序后的输出结果是（　　　）。

```
x = 15;
y = 5;
printf("%d\n", x %= (y %= 2));
```

A. 0
B. 1
C. 6
D. 12

11. 有以下程序，其中"%u"表示按无符号整数输出，运行程序后的输出结果是（　　　）。

```
int main()
{
    unsigned int x = 0xffff;
    printf("%u\n", x);
    return 0;
}
```

A. −1
B. 65535
C. 32767
D. 0xffff

12. 有以下程序：

```
int main()
{
    int m = 0256, n = 256;
    printf("%o %o\n", m, n);
    return 0;
}
```

运行程序后的输出结果是（　　）。

    A．0256 0400　　　B．0256 256　　　C．256 400　　　D．400 400

13. 假设 a 是整型变量，表达式 ~(a^~a) 等价于（　　）。

    A．~a　　　　　　B．1　　　　　　C．0　　　　　　D．2

14. 假设表达式 sizeof(int) 的值为 2，int 类型数据可以表示的最大整数为（　　）。

    A．$2^{16}-1$　　　B．$2^{15}-1$　　　C．$2^{32}-1$　　　D．$2^{31}-1$

15. （　　）是非法的转义字符。

    A．'\"'　　　　　B．'\037'　　　　C．'\0xf'　　　D．'\b'

16. 假设变量 A 是 int 类型，B 是 float 类型，表达式 A + 'q' + B 的结果的数据类型是（　　）。

    A．无法确定　　　B．int　　　　　C．float　　　D．char

17. 假设 a 为整型变量，且值为 3，执行完表达式 a += a -= a * a 后，a 的值为（　　）。

    A．-3　　　　　　B．9　　　　　　C．-12　　　D．6

18. 已定义 ch 为字符型变量，NULL 表示空值，以下赋值表达式中错误的是（　　）。

    A．ch = NULL　B．ch = '\xaa'　C．ch = 62 + 3　D．ch = '\'

19. 有以下程序：

```
int i;
scanf("%d", &i);
i %= 4;
```

运行程序后，i 的值会有（　　）种可能性。

    A．7　　　　　　B．0　　　　　　C．不好说　　　D．2

20. -127 的原码为_____、反码为_____、补码为_____。

21. 假设 char s1 = '\077', s2 = '\'，s1 中包含_____个字符，s2 中包含_____个字符。

22. 假设 x 和 n 均是 int 类型变量，且 x 的初值为 12，n 的初值为 5，执行表达式 x %= (n % = 2) 后，x 的值为_____。

23. 假设 s 是 int 类型变量，表达式 s % 2 + (s + 1) % 2 的值为_____。

24. 已知大写字母 A 的 ASCII 码值为 65，以下程序运行后的输出结果是_____。

```
int main()
{
    char a, b;
    a = 'A' + '5' - '3';
    b = a + '6' - '2';
    printf("%d,%c\n", a, b);
```

```
        return 0;
    }
```

25. 下面程序的功能是输入 3 个整数，把 b 的值赋给 a，c 的值赋给 b，a 的值赋给 c。交换后输出 a、b、c 的值。例如，输入 a=10、b=20、c=30 后，交换成 a=20、b=30、c=10，将程序补充完整。

```
#include <stdio.h>
int main()
{
    int a, b, c, _____;
    printf("Enter a,b,c: ");
    scanf("%d%d%d",_____);
    _____; a = b; b = c; _____;
    printf("a=%d,b=%d,c=%d\n", a, b, c);
    return 0;
}
```

26. 编写程序，输入两个整数 x 和 y，求 x、y 之和、差、积、商和余数。

27. 编写程序，对变量 a、b 和 c 进行 unsigned int 类型说明，将 65 赋值给 a、64 赋值给 b、67 赋值给 c，对变量 a、b、c 用 "%c" 格式输出显示。

28. 编写程序，变量 b 取 35.425，c 取 52.954，将 b+c 变为整数并赋值给 a1，对 b、c 取整数后求其和。

29. 编写程序，输入 3 个字符型数据，将其转换成相应的整数后，求它们的平均值并输出。

30. 编写程序，火车做直线匀加速运动，初速度为 0，加速度为 0.19m/s，求 30s 时火车的速度。

31. 编写程序，一辆汽车以 15m/s 的速度先开出 10min 后，另一辆汽车以 20m/s 的速度追赶，问多少分钟可以追上？

第 3 章　顺序结构

- 程序控制结构。
- C 语言的语句。
- 标准输入/输出函数。
- 常用数学函数和字符处理函数。

很难想象，多么复杂的 C 程序代码都可以由 3 种看似简单的程序控制结构实现。正确理解使用程序控制结构是进入精彩编程世界的钥匙。语句是程序执行最基本的单位，而正确输入/输出数据是编程最基本的要求。

3.1　程序控制结构

一条语句能完成的工作十分有限，要解决一个复杂的问题，往往需要执行许多条语句，这些语句必须按照某种规定的顺序，形成一个执行流程，逐步完成整个任务。为了描述多条语句的执行流程，应该提供相应的流程描述机制，这种机制一般称为"控制结构"，其作用就是控制语句的执行。C 语言有 3 种基本程序控制结构：顺序结构、选择结构（分支结构）和循环结构。顺序结构是程序默认的执行流程。

流程图是一种程序算法的描述方法。它用带箭头的线条将有限个几何图形框连接起来，其中，框用来表示指令动作或条件判断，箭头说明程序算法的走向。流程图通过形象化的图示能较好地表示程序中描述的各种结构。有了流程图，程序设计可以更方便和严谨。

流程图的符号采用 ANSI 规定的一些常用的流程图符号，这些符号代表的功能含义如表 3-1 所示。

表 3-1　常用的流程图符号与其功能含义

流程图符号	名　称	功　能　含　义
⬭	开始/结束框	代表程序的开始或结束。每个独立的程序只有一对开始/结束框
▱	数据框	代表程序中数据的输入或输出

续表

流程图符号	名　称	功 能 含 义
▭	处理框	代表程序中的指令或指令序列。通常为程序的表达式语句,对数据进行处理
◇	判断框	代表程序中的分支情况,判断条件只有满足和不满足两种情况
○	连接符	当流程图在一个页面画不完时,用它来表示对应的连接处,用中间带数字的小圆圈表示,如①
→⌐	流程线	代表程序中处理流程的走向,连接上面各图形框,用实心箭头表示

前面章节中介绍的程序中的语句都是按照代码顺序逐一执行的,这种程序控制结构称为"顺序结构"。图 3-1 所示为顺序结构。顺序结构中的每一条语句都被执行一次且只能被执行一次。

有时程序需要在满足一定条件的情况下执行某些语句,这种程序的控制结构称为"选择结构"。图 3-2 所示为选择结构,它根据给定的条件是否成立进行二选一的控制。当条件为真时,执行语句 A;当条件为假时,执行语句 B。C 语言用 if 语句和 switch 语句来描述选择结构。

图 3-1　顺序结构　　　　　　　　　图 3-2　选择结构

在有些情况下,程序需要在满足一定条件的情况下重复执行一系列操作,这种程序控制结构称为"循环结构"。循环结构分为"当型"循环结构和"直到型"循环结构。

图 3-3 所示为"当型"循环结构。当条件为真时,重复执行语句 A;当条件为假时,执行循环结构后面的语句。C 语言的"当型"循环语句有 while 语句和 for 语句。

图 3-4 所示为"直到型"循环结构。首先重复执行语句 A 直到给定的条件为假,然后执行循环结构后面的语句。C 语言的"直到型"循环语句有 do...while 语句。

图 3-3　"当型"循环结构　　　　　　图 3-4　"直到型"循环结构

这两种循环结构的区别在于,"当型"循环结构先判断条件后执行语句,而"直到型"循环结构则先执行语句。"直到型"循环结构至少执行一次循环体语句。

综上所述,顺序结构中的每条语句都会被执行一次且最多只执行一次;选择结构中的语句需要在满足一定条件的情况下才被执行一次；循环结构中的语句在满足一定条件的情况下会被重复执行多次。

　　一般来说，任何完整的程序都可以通过上述 3 种基本程序控制结构的有机组合来表示。只要掌握了这 3 种基本程序控制结构的流程图画法，就可以画出整个程序执行的流程图。在分析问题时，除了用自然语言来描述，我们还可以考虑用流程图来描述程序的执行步骤和方法，使得解决问题的思路更清晰。

3.2　语句

　　语句是程序最基本的执行单位，它必须符合语法要求。C 语言的语句可分为简单语句、控制语句和复合语句等。任何 C 语言程序都是由这 3 类语句组成的。

3.2.1　简单语句

　　一般来说，表达式后面添加分号就形成了表达式语句。平时经常使用的赋值语句就属于表达式语句。例如：

```
a = 3;
```

另一个经常使用的语句是函数调用语句。例如：

```
printf("Welcome to C\n");
```

只有一个分号的语句称为"空语句"。空语句什么也不做，只是起到占位符的作用。例如：

```
;
```

表达式语句、函数调用语句和空语句都是简单语句。简单语句都以分号结尾。

3.2.2　控制语句

　　控制语句用于控制程序的执行流程，以实现程序的控制结构。它们由特定的语句定义组成。C 语言有 9 种控制语句，分为以下三大类。

（1）选择语句：if 语句、switch 语句。

（2）循环语句：while 语句，do...while 语句和 for 语句。

（3）跳转语句：break 语句、continue 语句，return 语句和 goto 语句。

如果选择语句和循环语句使用复合语句，则不以分号结尾。跳转语句都以分号结尾。

3.2.3　复合语句

　　利用一对花括号{}把若干条语句组合在一起就形成了一条复合语句。例如：

```
{
    sum = sum + i;
    i++;
}
```

复合语句一般来说是多条语句的组合，在语法意义上等同于一条简单语句。复合语句中的每一条内部语句都必须以分号结尾，其本身不需要以分号结尾，而是以右花括号"}"结尾。复合语句的这一对花括号形成了一个程序局部环境。

3.3 标准输入/输出函数

输入/输出是常用的基本语句，几乎所有的程序要进行数据输入/输出的处理。输入/输出操作可通过调用系统函数来实现。常用的标准输入/输出函数有格式化输入/输出函数与字符输入/输出函数。

3.3.1 格式化输出函数

C 语言中数据的输出是通过调用 printf()函数实现的。它是系统提供的库函数，在头文件 stdio.h 中声明，在使用 printf()函数前应先包含头文件 stdio.h，其语法格式如下：

```
printf(格式控制字符串, 输出项 1, …, 输出项 n);
```

格式控制字符串包含普通字符和格式说明符，其中普通字符原样输出，格式说明符以%开头，跟随其后最多 5 个不同选项（标志、最小字段宽度、精度、修饰符和格式说明符），其中格式说明符不能省略，如图 3-5 所示。printf()函数的输出参数由若干个用逗号分隔的输出项组成，输出项可以是常量、变量和表达式，输出项和格式说明符需要逐一对应。

%	标志	最小字段宽度	精度	修饰符	格式说明符

图 3-5 printf()函数的格式说明符

printf()函数用于返回输出的字符个数。如果输出过程发生错误，则返回一个负值。表 3-2 所示为 printf()函数格式说明符及其选项说明。

表 3-2 printf()函数格式说明符及其选项说明

选　　项		说　　明
格式说明符	d	以十进制形式输出整数
	o	以八进制形式输出无符号整数
	x 或 X	以十六进制形式输出无符号整数
	u	以十进制形式输出无符号整数
	f	以小数形式输出浮点数
	e 或 E	以指数形式输出浮点数
	g 或 G	以小数或指数形式输出浮点数
	c	输出字符
	s	输出字符串
	%	输出%
标志	-	输出左对齐（默认为右对齐）
	+	正数输出带"+"号
	#	输出以 0 开头的八进制数，输出以 0x 或 0X 开头的十六进制数，保留以格式 g 或 G 输出数据的尾数 0

续表

选 项		说 明
最小字段宽度和精度	m	• %md：以宽度 m 输出整型数据，当数据宽度不足 m 时，左侧补空格； • %ms：以宽度 m 输出字符串，当字符串宽度不足 m 时，左侧补空格
	0m	• %0md：以宽度 m 输出整型数据，当数据宽度不足 m 时，左侧补 0； • %0ms：以宽度 m 输出字符串，当字符串宽度不足 m 时，左侧补 0
	m.n	• %m.nd：以宽度 m 输出整型数据，当数据宽度不足 m 时，左侧补空格，数据一定要有 n 列，当不足时前面补 0，当超过时不做处理； • %m.nf：以宽度 m 输出浮点型小数，保留 n 位小数。如果只有小数点%m.f，则精度为 0； • %m.ns：以宽度 m 输出字符串，n 表示取字符串前 n 个字符输出到 m 列的右侧，当 n<m 时，左侧补空格，当 n≥m 时，不做处理
	*	如果宽度或精度为*，则表示宽度或精度由输出项指明
修饰符	h	修饰的格式说明符为 d、o、x、X、u，表示短整型
	l	修饰的格式说明符为 d、o、x、X、u，表示长整型
	ll	修饰的格式说明符为 d、o、x、X、u，表示长长整型
	L	修饰的格式说明符为 f、e、E、g、G，表示长双精度

需要注意的是，当字符串宽度不足 m 时，%-0ms 能使字符串左对齐，但右侧并不会补 0。

下面举例说明输出格式说明符的用法。为了方便观察输出数据之间间隔的空格个数，在输出的最后都给出了程序运行状态信息。

（1）最小字段宽度和标志 "+" 与 "-"。

```
printf("%8d%8d", 123, -123);
printf("%-8d%-8d", 123, -123);
printf("%+8d%+8d", 123, -123);
printf("%-+8d%-+8d", 123, -123);
```

输出结果：

```
     123    -123
123     -123
    +123    -123
+123    -123
Process returned 0 (0x0)   execution time : 0.009 s
```

（2）最小字段宽度和标志 "#"。

```
printf("%8o%#8o", 123, 123);
printf("%8x%#8x", 123, 123);
printf("%8X%#8X", 123, 123);
printf("%8g%#8g", 123.0, 123.0);
printf("%8G%#8G", 123.0, 123.0);
```

输出结果：

```
     173    0173
      7b    0x7b
      7B    0X7B
     123 123.000
     123 123.000
```

```
Process returned 0 (0x0)   execution time : 0.008 s
```

（3）最小字段宽度和精度。

```
printf("%10f", 1.234);
printf("%-10f", 1.234);
printf("%10.f", 1.234);
printf("%.2f", 1.234);
printf("%10.2f", 1.234);
printf("%-10.2f", 1.234);
printf("%10.4d", 123);
printf("%10.4s", "abcdef");
```

输出结果：

```
  1.234000
1.234000
         1
1.23
      1.23
1.23
      0123
      abcd
Process returned 0 (0x0)   execution time : 0.010 s
```

（4）%g 的作用。

%f 与%e（或%E）用于保留小数点后 6 位精度输出。%g 默认有 6 位有效数字，也可以指定精度。%m.ng 表示输出宽度为 m，有效数字为 n。%g 的输出遵循以下规则。

① 把输出的数值按%e 或%f 类型中输出长度较小的方式输出，仅当数值的指数小于-4 或大于或等于指定精度（默认值为 6）时按%e 输出，否则按%f 输出。

② 选择好输出格式后，尾部的 0 会被缩减。

③ 尾部 0 被缩减后，小数点后面有一个或多个数字时才显示小数点。

对于使用%g 格式说明符的数值，不管最后是用%e 还是%f，都会先根据②、③进行简化，简化后根据精度和参数截取至最大有效数字位数。如果精度过大，则不会补 0。因为%g 能够自动简化输出多余的 0 与小数点，所以常用于不指定输出格式的输出中。

例如：

```
printf("%g,%10.3g", 123456., 123456.);
printf("%g,%10.3g", 12345.6, 12345.6);
printf("%g,%10.3g", 1234.56, 1234.56);
printf("%g,%10.3g", 0.000123456, 0.000123456);
printf("%g,%10.3g", 0.0000123456, 0.0000123456);
printf("%g,%10.3g", 0.00000123456, 0.00000123456);
```

输出结果：

```
123456, 1.23e+005
12345.6, 1.23e+004
1234.56, 1.23e+003          /*指数大于或等于指定的 3，按%e 输出*/
```

```
0.000123456,  0.000123
1.23456e-005, 1.23e-005              /*指数小于-4，按%e 输出*/
1.23456e-006, 1.23e-006
Process returned 0 (0x0)  execution time : 0.010 s
```

在上述第一条语句中，浮点数 123456.要以%10.3g 的格式说明符输出，输出宽度为 10，有效数字为 3，由于 123456.的指数为 5，大于指定的有效数字 3，因此按%e 输出，又由于指定 3 位有效数字，因此截取成 123000.，最后输出 1.23e+005。

（5）"*"的作用。

```
printf("%5.2d", 345);
printf("%*.2d", 5, 345);             /*表示*由输出项中的 5 指明*/
printf("%5.*d", 2, 345);             /*表示*由输出项中的 2 指明*/
printf("%*.*d", 5, 2, 345);          /*表示*分别由输出项中的 5 和 2 指明*/
```

输出结果：

```
  345
  345
  345
  345
Process returned 0 (0x0)  execution time : 0.010 s
```

printf()函数的使用可分为以下两种情况。

（1）输出数据固定。此时只需把输出数据放在双引号内当作字符串传入函数输出即可。C 语言中的字符串是由一对双引号括起来的字符序列。例如：

```
printf("I am 23 years old");
```

函数调用的结果是原原本本输出双引号之间的内容。

（2）输出数据不固定。一般来说，输出数据中含有变量的值，此时只要在输出字符串中变量数值出现的地方首先用相应类型的格式说明符占位，然后在字符串后按顺序列出变量即可，当输出时将用这些变量值替换相应位置的占位格式说明符。例如：

```
printf("celsius=%d,fahr=%d\n", celsius, fahr);
```

上述语句用于输出变量 celsius 和 fahr 中的数值，故先在字符串中用两个%d 占位，在输出时用字符串后面的两个变量值依次替换这两个%d。输出数据的类型应该与格式说明符的类型一致。

3.3.2　格式化输入函数

scanf()函数是系统提供的用于输入的库函数，也在头文件 stdio.h 中声明。其语法格式与printf()函数的语法格式类似，如下：

```
scanf(格式控制字符串, 输入项 1, …, 输入项 n);
```

scanf()函数用于返回按照给定格式控制字符串正确读入数据的个数。如果读入过程发生错误，则返回 EOF。其格式控制字符串和 printf()函数的格式控制字符串类似，也由普通字符和格式说明符组成。格式说明符由%与跟随其后的最多 4 个不同选项（赋值抑制符*、最大字段宽度、修饰符和格式说明符）组成，其中格式说明符不能省略，如图 3-6 所示。如果出现普通字符，则在输入时也需要原样输入。所以如果没有必要，则一般不要出现普通字符。与

printf()函数不同的是，scanf()函数后面的输入项不是变量，而是变量的地址，因此在变量名前面需要添加取地址运算符&。scanf()函数的输入项和格式说明符需要逐一对应。

%	赋值抑制符*	最大字段宽度	修饰符	格式说明符

图 3-6 scanf()函数的格式说明符

由于 scanf()函数在读取数据时并不会把换行符从缓冲区中读走，在读取字符时要特别注意这个换行符的影响。

表 3-3 所示为 scanf()函数格式说明符及其选项说明。

表 3-3 scanf()函数格式说明符及其选项说明

选　　项		说　　明
格式说明符	d	以十进制形式输入整数
	o	以八进制形式输入无符号整数
	x 或 X	以十六进制形式输入无符号整数
	u	以十进制形式输入无符号整数
	f	以小数形式输入浮点数
	e 或 E	以指数形式输入浮点数
	g 或 G	以小数或指数形式输入浮点数
	c	输入一个字符
	s	输入字符串，遇到空白类字符结束输入
修饰符	h	修饰的格式说明符为 d、o、x、X、u，表示短整型
	l（修饰整型时）	修饰的格式说明符为 d、o、x、X、u，表示长整型
	ll	修饰的格式说明符为 d、o、x、X、u，表示长长整型
	l（修饰浮点型时）	修饰的格式说明符为 f、e、E、g、G，表示双精度浮点型
	L	修饰的格式说明符为 f、e、E、g、G，表示长双精度浮点型
赋值抑制符	*	表示不会把输入数据赋值给输入项
最大字段宽度	m	● %md：表示最多输入 m 位整数（包括负号在内）； ● %ms：表示最多输入长度为 m 的字符串

下面举例详细介绍输入格式说明符的用法。

1. 赋值抑制符"*"和字段宽度

假设有以下代码：

```
int a, b;
scanf("%3d%*d%d", &a, &b);
printf("%d,%d", a, b);
```

运行结果：

```
12345678 9 10✓
123,9
123 4 56✓
123 56
```

scanf()函数中的第一个%3d，表示只给变量 a 读入 3 位整数，接下来的一个整数将被%*d 忽略，第二个%d 用于给变量 b 读入整数。在第一组输入数据中，变量 a 的值为 123，45678 将被忽略，读入 9 并赋值给变量 b，最后输出 123 和 9。在第二组输入数据中，变量 a 的值 为 123，4 将被忽略，将 56 赋值给变量 b，最后输出 123 和 56。

将上述代码修改为：

```
scanf("%3d%*4d%d", &a, &b);
printf("%d,%d", a, b);
```

运行结果：

```
12345678 9 10✓
123 8
1234 5 6✓
123 5
123 4 5✓
123 5
```

由于%*4d 只能抑制 4 个输入字符，因此在第一组输入数据中，123 被读入后，45678 前 面的 4 个字符都被忽略，只有将 8 赋值给变量 b，最后输出 123 和 8。在第二组输入数据中， 由于 4 后面就是空格，而赋值抑制效果到空格处结束，最后 b 的值为 5，因此最后输出 123 和 5。在第三组输入数据中，其中 123 被读入并存储在变量 a 中，4 被抑制忽略，最后 5 被 读入并存储在变量 b 中。

以上讨论的是针对读入整数的情况。由于字符串的输入/输出使用了数组知识，目前暂不 对其进行详细介绍，其实字符串的处理与整数的处理类似。

2. 格式化输入中的空白字符

scanf()函数中的空白字符不同于一般意义上的普通字符，在输入数据时能起到特殊作用。 空白字符包含空格、水平制表符'\t'、垂直制表符'\v'、换页符'\f'和换行符'\n'等。

在读取整型、浮点型等数字字符时，scanf()函数默认跳过数字字符前的空白字符，遇到 的第一个非空白字符是数字字符才开始读取数据，否则 scanf()函数会一直等待。在读取数字 字符过程中，当遇到非数字字符时读取结束。例如：

```
int a;
scanf("%d", &a);
printf("a=%d", a);
```

运行结果：

```
    234ljkjklj✓
a=234
```

在读取字符串数据时，scanf()函数默认跳过字符串数据前的空白字符，遇到第一个非空 白字符才开始读取字符串。在读取字符串过程中，当遇到空白字符时读取结束。

在读取字符数据时，如果空白字符出现在格式控制字符串中，则在读取数据时，它会跳 过在相应位置处出现的所有空白字符，直至遇到非空白字符才开始读取。例如：

```
char a, b;
scanf(" %c %c", &a, &b);   /*注意两个%c 前面都有一个空格*/
printf("%c,%c", a, b);
```
运行结果：

```
   x        y↙
x,y
```

由此可见，如果 scanf()函数中的空格出现在格式控制字符串的最前面，则在输入时，不管之前输入多少空格和换行符，都会被格式控制字符串中的空格忽略。

需要注意的是，空白字符不要出现在格式控制字符串的最后，否则输入时将无法用换行符结束输入，因为此时输入的换行符都被这个空白字符忽略。这也是初学者在使用 scanf()函数时容易犯的一个错误。

在使用 scanf()函数输入数据时，float 类型用%f 表示，double 类型用%lf 表示，而在使用 printf()函数输出数据时，double 类型既可以用%f 表示，也可以用%lf 表示。这是因为 scanf()函数和 printf()函数都是可变参数函数，当调用带有可变参数函数时，编译器会把 float 类型参数自动转换为 double 类型，导致 printf()函数无法区别 float 类型和 double 类型的参数。而 scanf()函数的参数表示指针，不是 float 类型或 double 类型变量，此时格式控制字符串中的%f 与%lf 就显得非常重要，它们能告诉系统后面的地址上存储的是一个 float 类型的变量还是 double 类型的变量，让数据正确覆盖内存空间。为了使数据类型一致，double 类型的数据不管是输入还是输出都建议用%lf 表示。

需要注意的是，当输入浮点型数据时，在格式控制字符串中不可以使用修饰词。例如，使用%mf 读入不起作用，效果等于%f；使用%m.nf 读入会引起数据读入错误。

【例 3-1】输入一个 5 位整数，输出其各位数字之和。

例题分析：可以声明 5 个整型变量并保存该 5 位整数的各位数字，先使用 scanf()函数和%1d 把每一位整数读入并存储到整型变量中，再输出这 5 个整型变量的和。

源代码：
```
01 #include <stdio.h>
02 int main()
03 {
04    int a, b, c, d, e;
05    scanf("%1d%1d%1d%1d%1d", &a, &b, &c, &d, &e);
06    printf("%d\n", a + b + c + d + e);
07    return 0;
08 }
```
运行结果：
```
34785↙
27
```

scanf()函数用于返回正确读入数据的个数，而 printf()函数用于返回输出字符的个数。有时解题时也可以利用这两个函数的返回值。

3.3.3　字符输入/输出函数

字符数据的输入/输出除了可以调用 scanf()函数和 printf()函数来实现，还可以调用 getchar()函数和 putchar()函数来实现。

getchar()函数的原型为：

```
int getchar();
```

其作用是返回键盘上输入的一个字符，与 scanf()函数使用一个%c 输入一个字符类似。当使用 getchar()函数接收字符时，并不是从键盘上输入一个字符后立即响应，而是将输入内容先读入缓冲区，待按下 Enter 键后才开始执行。getchar()函数用于接收所有字符，包括空白字符。

putchar()函数的原型为：

```
int putchar(int ch);
```

其作用是输出 ch 所对应的字符，与 printf()函数使用一个%c 输出一个字符类似。如果 ch 是整型常量，则该常量将被看作字符的 ASCII 码值，将输出该整型常量对应的字符。

getchar()函数和 putchar()函数一次只能输入/输出一个字符。当使用 getchar()函数或 scanf()函数输入字符时，屏幕上的空白字符都被当作字符读入。

如果想要输出一个字符的 ASCII 码，则可以在 printf()函数中使用格式说明符%d 输出。

【例 3-2】输入一个小写字母，把该小写字母转化为对应的大写字母并输出。

例题分析：在 C 语言中，字符保存为对应的 ASCII 码值，因此字符也可以参与算术运算。经查 ASCII 码表，大写字母比对应的小写字母的 ASCII 码值小 32，我们不需要记这个数值，实际上它等于'a'-'A'，只需要把小写字母减去这个数值就能得到相应的大写字母。

源代码：

```
01 #include <stdio.h>
02 int main()
03 {
04     char ch;
05     scanf("%c", &ch);
06     printf("%c\n", ch + 'A' - 'a');
07     return 0;
08 }
```

运行结果：

```
m↙
M
```

在程序中输入/输出单个字符时，使用 getchar()函数和 putchar()函数的运行速度要比使用 scanf()函数和 printf()函数的运行速度快。有时使用 getchar()函数还可以发挥意想不到的作用。在使用 scanf()函数读入数据时，有时因为格式不符合要求无法读入导致程序不能运行，此时，用户可以在代码中使用 getchar()函数来读取缓冲区中的字符，使程序能够继续运行。

3.4　常用数学库函数

C 语言提供了许多事先编写好的函数，供用户在编程时直接调用，这些函数又被称为"库函数"。使用库函数必须要用头文件包含预处理命令#include 把相应的头文件包含到源文件中。例如，调用输入/输出函数要添加#include <stdio.h>命令，调用数学函数要添加#include <math.h>命令。

常用的数学库函数及其说明如表 3-4 所示。

表 3-4　常用的数学库函数及其说明

函　数　名	函　数　声　明	说　　明
sqrt(x)	double sqrt(double x)	计算 x 的平方根，x 应该大于 0
exp(x)	double exp(double x)	计算 e 的 x 次方的值
pow(x,y)	double pow(double x, double y)	计算 x 的 y 次方的值
abs(x)	int abs(int x)	计算整数 x 的绝对值
fabs(x)	double fabs(double x)	计算 x 的绝对值
fmod(x,y)	double fmod(double x, double y)	计算 x/y 的余数，x、y 均为浮点数，符号与 x 相同
log(x)	double log(double x)	计算 lnx 的值，x 应该大于 0
log10(x)	double log10(double x)	计算 lgx 的值，x 应该大于 0
sin(x)	double sin(double x)	计算正弦 sinx 的值，x 为弧度值，不是角度值
cos(x)	double cos(double x)	计算余弦 cosx 的值，x 为弧度值，不是角度值
tan(x)	double tan(double x)	计算正切 tanx 的值，x 为弧度值，不是角度值
asin(x)	double asin(double x)	计算反正弦 arcsinx 的值，x 的值为[-1,1]，返回值[$-\pi/2, \pi/2$]
acos(x)	double acos(double x)	计算反余弦 arccosx 的值，x 的值为[-1,1]，返回值为[0, π]
atan(x)	double atan(double x)	计算反正切 arctanx 的值，返回值为[$-\pi/2, \pi/2$]
ceil(x)	double ceil(double x)	返回大于或等于 x 的最小"整数"
floor(x)	double floor(double x)	返回小于或等于 x 的最大"整数"

【例 3-3】编写程序，输入三角形的三个边的边长 a、b 和 c，确保这三个边的边长为正数并能组成三角形，计算并输出该三角形的面积，结果保留 2 位小数。

例题分析：已知三角形三个边的边长，可用海伦公式计算面积 $s = \sqrt{p(p-a)(p-b)(p-c)}$，其中，$p = (a+b+c)/2$。这里计算面积需要用到开平方根数学函数 sqrt()，因此本例题代码需要包含数学库 math.h。

源代码：

```
01 #include <stdio.h>
02 #include <math.h>
03 int main()
04 {
05     double a, b, c, p, s;
06     scanf("%lf%lf%lf", &a, &b, &c);
```

```
07      p = (a + b + c) / 2;
08      s = sqrt(p * (p - a) * (p - b) * (p - c));
09      printf("三角形的面积为%.2lf\n", s);
10      return 0;
11 }
```

运行结果：

```
3.4 4.4 5.6↙
```

三角形的面积为 7.48

3.5 常用字符处理函数

为了更方便地处理字符，用户可以使用字符处理函数。在使用字符处理函数之前，必须包含 ctype.h 头文件。

常用的字符处理函数及其说明如表 3-5 所示。

表 3-5 常用的字符处理函数及其说明

函 数 名	函 数 声 明	说 明
isdigit(ch)	int isdigit(int ch)	判断 ch 是否是十进制数，如果是则返回 1，否则返回 0
isxdigit(ch)	int isxdigit(int ch)	判断 ch 是否是十六进制数，如果是则返回 1，否则返回 0
isalpha(ch)	int isalpha(int ch)	判断 ch 是否是字母，如果是则返回 1，否则返回 0
islower(ch)	int islower(int ch)	判断 ch 是否是小写字母，如果是则返回 1，否则返回 0
isupper(ch)	int isupper(int ch)	判断 ch 是否是大写字母，如果是则返回 1，否则返回 0
isalnum(ch)	int isalnum(int ch)	判断 ch 是否是字母或数字，如果是则返回 1，否则返回 0
isspace(ch)	int isspace(int ch)	判断 ch 是否是空白字符（包括空格、换页符\f、换行符\n，回车符\r，水平和垂直制表符\t 和\v），如果是则返回 1，否则返回 0
tolower(ch)	int tolower(int ch)	如果 ch 是大写字母，将其转换为小写字母，否则不变
toupper(ch)	int toupper(int ch)	如果 ch 是小写字母，将其转换为大写字母，否则不变

【例 3-4】使用字符处理函数重写例 3-2。

例题分析：这里可以使用将小写字母转换为大写字母的 toupper()函数。

源代码：

```
01 #include <stdio.h>
02 #include <ctype.h>
03 int main()
04 {
05      char ch;
06      printf("请输入一个小写字母：");
07      scanf("%c", &ch);
08      printf("%c", toupper(ch));
09      return 0;
10 }
```

运行结果：
请输入一个小写字母：m↙
M

3.6 本章小结

本章首先介绍了流程图的画法及 C 程序的 3 种程序控制结构：顺序结构、选择结构和循环结构。

其次介绍了 C 语言的 3 类语句。

（1）简单语句：表达式语句、函数调用语句及空语句。它们一般是顺序结构。

（2）控制语句：选择语句（if 和 switch）、循环语句（while、do...while 和 for）与跳转语句（break、continue、return 和 goto）。

（3）复合语句：由一对花括号括起来的语句块，等同于一条语句。

再次详细介绍格式化输入/输出函数 scanf() 和 printf() 的使用。这是本章的重点内容，格式化输入/输出函数是用户必须掌握且经常使用的知识点。

最后介绍了常用数学库函数和常用字符处理函数的使用。

习题 3

1．在 C 语言程序中，如果想要使用数学函数，如 sinx、lnx 等，则需要在程序中包含_____头文件。

2．已知如下定义和输入语句，如果 a1、a2、c1、c2 的值分别为 10、20、A 和 B，则从第一列开始输入数据，正确的数据输入方式是（　　），↙ 表示回车，⊔ 表示空格。

```
int a1, a2;
char c1, c2;
scanf("%d%d", &a1, &a2);
scanf("%c%c", &c1, &c2);
```

　A．10⊔20↙ AB↙　　　　　　　　　　B．10⊔20⊔AB↙

　C．1020AB↙　　　　　　　　　　　　D．10⊔20AB↙

3．有输入语句 "scanf("a=%d,b=%d,c=%d", &a, &b, &c);"，为了使变量 a 的值为 1，b 的值为 3，c 的值为 2，正确的数据输入方式是（　　），↙ 表示回车，⊔ 表示空格。

　A．a=1,b=3,c=2↙　　　　　　　　　　B．1,3,2↙

　C．a=1⊔b=3⊔c=2↙　　　　　　　　　D．132↙

4．如果有变量声明 "double y;"，则能通过 scanf() 函数正确输入数据的语句是（　　）。

　A．scanf("%f", &y);　　　　　　　　　B．scanf("%f", y);

　C．scanf("%d", y);　　　　　　　　　　D．scanf("%lf", &y);

5. 下面程序运行后的输出结果是_____。
```
float x = -1023.012;
printf("%8.3f,", x);
printf("%10.3f", x);
```

6. 有以下程序：
```
#include <stdio.h>
int main()
{
    char a;
    int b;
    a = getchar();
    scanf("%d", &b);
    a = a - 'A' + '0';
    b = b * 2;
    printf("%c%c\n", a, b);
    return 0;
}
```
　　如果从键盘上输入 B33↙，则程序运行后的输出结果是_____。

7. 如果变量已经被正确定义，则执行 "scanf("%d%c%f", &op1, &op, &op2);"，输入_____
后，op1 的值为 1，op 的值为 "*"，op2 的值为 2.0（如果小数点后有 0，请以一个 0 表示）。

8. 如果已定义 "int x = 10, y = 20;"，则写出下列各 printf 语句的输出结果。
　　（1）printf("%3x\n", x + y);
　　（2）printf("%3o\n", x * y);

9. 如果已定义 "int a = 1234;"，则写出下列各 printf 语句的输出结果。
　　（1）printf("%5d\n", a);
　　（2）printf("%-05d\n", a);

10. 如果执行以下程序时输入 1234567↙，则输出结果是_____。
```
#include <stdio.h>
int main()
{
    int a = 1, b;
    scanf("%2d%2d", &a, &b);
    printf("%d  %d", a, b);
    return 0;
}
```

11. 有以下程序，如果从键盘上输入数据 123□□45678↙，则输出结果是_____。
```
#include <stdio.h>
int main()
{
    char c1, c2, c3, c4, c5, c6;
    scanf("%c%c%c%c", &c1, &c2, &c3, &c4);
    c5 = getchar();
    c6 = getchar();
```

```
        putchar(c1);
        putchar(c2);
        printf("%c%c\n", c5, c6);
        return 0;
    }
```

12. 有以下程序：

```
#include <stdio.h>
int main()
{
    char c1, c2, c3;
    int a;
    scanf("%c%c%c%d", &c1, &c2, &c3, &a);
    printf("%d%c%c%c\n", a, c1, c2, c3);
    return 0;
}
```

程序运行后，如果从键盘上输入（从第 1 列开始）

123✓

456✓

则输出结果是_____。

13. 有以下程序：

```
#include <stdio.h>
int main()
{
    int m = 0256, n = 256;
    printf("%o %o\n", m, n);
    return 0;
}
```

程序运行后的输出结果是_____。

14. 编写程序，输入两个整数 x 和 y，输出 x、y 之和、差、积、商和余数。

15. 编写程序，以月/日/年（mm/dd/yyyy）的格式接收用户输入的日期信息，并以年月日（yyyymmdd）的格式将其显示出来。

```
Enter a date (mm/dd/yyyy): 2/17/2011
You entered the date 20110217
```

16. 编写程序，提示用户以(xxx)xxx-xxxx 的格式输入电话号码，并以 xxx.xxx.xxxx 的格式显示该号码。

```
Enter phone number [(xxx) xxx-xxxx]: (404) 817-6900
You entered 404.817.6900
```

17. 编写程序，使用户可以按照如下格式同时输入两个分数，中间用加号隔开。

```
Enter two fractions separated by a plus sign: 5/6+3/4
The sum is 38/24
```

18. 编写程序，输入三角形的两个边的长度及这两个边的夹角的角度，计算三角形的面积并保留小数点后 2 位小数输出。

19. 编写程序，输入 3 个大写字母，计算这 3 个大写字母的 ASCII 码值的平均值，取整后计算出该平均值对应字母的小写字母并输出。

20. 编写程序，输入两个 30 位的正整数，计算它们的和并输出。

21. 大林最近发现了一个有趣的现象，很多素数都可以整除由若干个 9 组成的整数。例如，3 可以整除 9，11 可以整除 99，7 和 13 可以整除 999999，17 可以整除 9999999999999999，31 可以整除 999999999999999，37 可以整除 999，41 可以整除 99999 等。编写程序，请输入一个 80 位的正整数，判断它是否能被 31 整除。

第 4 章 选择结构

本 章 要 点

- 关系运算符、逻辑运算符和条件运算符。
- if 语句。
- switch 语句。

我们已经了解了 C 语言中的顺序、选择和循环 3 种程序控制结构。计算机在执行程序时，一般按照语句的书写顺序执行，但在很多情况下需要根据条件选择不同的执行语句，这就是选择结构。在 C 语言中，我们可以使用选择语句（if 和 switch）来实现选择结构，根据条件判断的结果选择要执行的程序分支，其中条件可以用表达式来描述，一般用关系表达式或逻辑表达式。

4.1 关系运算符及其表达式

关系运算又被称为"比较运算"，是对两个操作数进行比较，运算的结果为"真"或"假"。用关系运算符把两个表达式连接起来的式子称为"关系表达式"。如果关系表达式成立或关系运算结果为"真"，则关系表达式的值为 1，否则为 0。

C 语言有 6 种关系运算符，如表 4-1 所示。

表 4-1 关系运算符

运 算 符	名 称	类 型	优 先 级	结 合 性
<	小于运算符	双目	6	左结合
<=	小于或等于运算符			
>	大于运算符			
>=	大于或等于运算符			
==	等于运算符		7	
!=	不等于运算符			

注意==和!=运算符的优先级要略低于其他 4 个关系运算符的优先级。关系运算符的优先级大于赋值运算符的优先级，小于算术运算符的优先级。C 语言中主要使用关系表达式描述一些条件。

例如：

```
int a = 1, b = 2, c = 3, d;
a > b                    /*结果为0，表示"假"*/
a + b == c               /*结果为1，表示"真"*/
```

由于算术运算符+的优先级比关系运算符==的优先级高，因此先计算 a+b 的值为 3，再和 c 进行相等比较，其结果为 1。

例如：

```
int x;
1 < x < 5                /*结果为1*/
```

表达式 1 < x < 5 和数学上的关系式 1 < x < 5 含义不同，C 语言中的表达式 1 < x < 5 恒成立。这是因为该表达式中有两个小于运算符，它们的优先级一样，由于小于运算是左结合性，于是 x 先参与和 1 的比较，即 (1 < x) < 5，其中关系表达式 (1 < x) 无论是否成立，其值(1 或 0)均小于 5，因此表达式 1 < x < 5 的值为 1。

4.2　逻辑运算符及其表达式

C 语言提供了 3 种逻辑运算符：!、&&、||，如表 4-2 所示。

表 4-2　逻辑运算符

运　算　符	名　　称	类　型	优　先　级	结　合　性
!	逻辑非运算符	单目	2	左结合
&&	逻辑与运算符	双目	11	右结合
||	逻辑或运算符		12	

使用逻辑运算符把两个操作数连接起来的式子称为"逻辑表达式"。如果逻辑表达式成立，则表达式的值为 1，否则为 0。逻辑运算符的操作数通常为 0 或 1。在 C 语言中，逻辑运算符实际上将任何非 0 值的操作数当作真值来处理，同时将任何零值操作数当作假值来处理。

假设 a 和 b 为逻辑运算对象，逻辑运算符的功能描述如下。

- !a：如果 a 为 1，则!a 的值为 0；如果 a 为 0，则!a 的值为 1。
- a&&b：如果 a 和 b 都为 1，则结果为 1，否则结果为 0。
- a||b：如果 a 和 b 都为 0，则结果为 0，否则结果为 1。

例如：

```
int a = 4, b = 5, c;
c = b > 3 && 2 || 8 < b - !a        /*结果为1*/
```

表达式一共有 7 种运算符，按优先级从高到低排列：!、-、>、<、&&、||、=，因此该表达式等价于加括号后的表达式 c = (((b > 3) && 2) || (8 < (b - (!a))))，a 的值为 4，非 0，故!a 的值为 0，b - !a 的值为 5，8 < 5 的值为 0；另外，b > 3 的值为 1，1 && 2 的值为 1；最后 1 || 0 的值为 1，再赋值给 c，因此 c 的值为 1。

结合关系运算符和逻辑运算符，我们可以写出以下常用的判断表达式。

- 判断字符变量 ch 的值是否为小写字母的逻辑表达式：ch >= 'a' && ch <= 'z'。
- 判断字符变量 ch 的值是否为大写字母的逻辑表达式：ch >= 'A' && ch <= 'Z'。
- 判断字符变量 ch 的值是否为大小写字母的逻辑表达式：ch >= 'a' && ch <= 'z' || ch >= 'A' && ch <= 'Z'。
- 判断字符变量 ch 的值是否为数字字符的逻辑表达式：ch >= '0' && ch <= '9'。
- 判断年份 y 是否是闰年的逻辑表达式：y % 4 == 0 && y % 100 != 0 || y % 400 == 0。

逻辑与"&&"和逻辑非"||"运算符又被称为"短路运算符"。

把 n 个表达式用逻辑与运算符连接：表达式 1 && 表达式 2 && ... && 表达式 n。当计算这个复杂表达式的值时，从左到右依次计算这 n 个表达式的值，中间只要出现一个表达式的值为 0，整个表达式的值一定为 0，该表达式后面的若干个表达式不再进行运算。

逻辑或的情况与之类似，如果 n 个表达式用逻辑或运算符连接，只要出现一个表达式的值为 1，整个表达式的值为 1，该表达式后面的表达式就被表达式短路了，它们的运算不会发生。

虽然被短路的表达式不会进行运算，但编译器会检查其语法错误。

在计算表达式 c = b > 3 && 2 || 8 < b - !a 的值时，它等价于添加括号后的表达式 c = (((b > 3) && 2) || (8 < (b - (!a))))，赋值运算右边的表达式是由两个表达式 (b > 3) && 2 和 8 < (b - (!a)) 用逻辑或运算符连接的。由于第一个表达式 (b > 3) && 2 的值为 1，第二个表达式就不需要计算了，它们用逻辑或运算符连接后其值为 1，赋值后 c 的值为 1。

【例 4-1】运行以下程序，判断并输出结果。

```
int a = 0, b = 1, c;
c = a != 0 && b / a > 2;
printf("%d\n", c);
```

A. 0   B. 1   C. 2   D. 出现除 0 错误，无法运行

例题分析：表达式 c = a != 0 && b / a > 2 等价于 c = ((a != 0) && ((b / a) > 2))，使用逻辑与运算符连接两个表达式 a != 0 和 (b / a) > 2，由于 a != 0 的值为 0，因此表达式 (b / a) > 2 的运算不会发生，使用逻辑与运算符连接的表达式的值为 0，而 c 的值也为 0，这里选 A。

利用关系表达式和逻辑表达式的值为 0 或 1 的事实，有时可以让关系表达式和逻辑表达式参与算术运算。但这种技巧性编程通常会增加程序的阅读难度，需要尽量避免使用。

4.3 if 语句

if 语句是 C 语言中用来判定所给条件是否满足，根据判定结果的真假决定执行哪些操作的语句。它是一种常用的选择结构，其语法格式有以下 3 种形式。

1. 简单 if 语句

简单 if 语句的语法格式如下：

```
if(表达式)
    复合语句
```

执行流程：先计算表达式的值，如果值不为 0，认为其逻辑值为 1，则表达式成立，执行复合语句；如果值为 0，则表达式不成立，立即结束 if 语句。

在一般情况下，括号中的表达式是关系表达式或逻辑表达式，实际上可以是任意表达式。如果要判断表达式 exp 不等于 0，则可以写成 if((exp) != 0)，也可以简写成 if(exp)；如果判断表达式等于 0，则可以写成 if((exp) == 0)，也可以简写成 if(!(exp))。

简单 if 语句的执行流程如图 4-1 所示。

图 4-1　简单 if 语句的执行流程

【例 4-2】输入两个整数 a 和 b，要求按从大到小的顺序输出 a、b 的值。

例题分析：先判断 a 是否小于 b，如果 a 小于 b，则交换 a、b 的值后再输出。

源代码：

```
01 #include <stdio.h>
02 int main()
03 {
04     int a, b, t;
05     scanf("%d%d", &a, &b);
06     if(a < b)
07     {
08         t = a;
09         a = b;
10         b = t;
11     }
12     printf("%d %d\n", a, b);
13     return 0;
14 }
```

运行结果：

```
12 43↙
43 12
267 153↙
267 153
```

【例 4-3】程序改错。

源代码：

```
01 #include <stdio.h>
02 int main()
03 {
04     int n;
```

```
05      printf("input n:");
06      scanf("%d", &n);
07      if(n % 3 = 0)
08          printf("n=%d YES\n", n);
09      return 0;
10  }
```

程序的本意是判断 n 是否为 3 的倍数,如果是 3 的倍数,则输出 n=数值 YES。但该例题无法编译运行,因为编码时不小心把 if 语句中判断相等的运算符"=="写成了赋值运算符"=",而赋值运算符只能给变量赋值,无法给表达式赋值,因此程序无法运行。

2.if...else 语句

if...else 语句的语法格式如下:

```
if(表达式)
    复合语句1
else
    复合语句2
```

执行流程:先计算表达式的值,如果该表达式的值不为 0,则执行复合语句 1,否则执行复合语句 2。

if...else 语句的执行流程如图 4-2 所示。

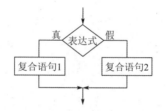

图 4-2　if...else 语句的执行流程

【例 4-4】判断一个学生的成绩是否及格,如果及格则输出及格信息,否则输出不及格信息。

例题分析:使用 if...else 语句求解。

源代码:

```
01 #include <stdio.h>
02 int main()
03 {
04      int score;
05      printf("请输入学生成绩: ");
06      scanf("%d", &score);
07      if(score >= 60)
08      {
09          printf("该学生成绩及格! \n");
10      }
11      else
12      {
```

```
13          printf("该学生成绩不及格! \n");
14      }
15      return 0;
16 }
```

运行结果:

请输入学生成绩: 75↙
该学生成绩及格!
请输入学生成绩: 46↙
该学生成绩不及格!

3. if...else...if 语句

if...else...if 语句的语法格式如下:

```
if(表达式 1)
    复合语句 1
else if(表达式 2)
    复合语句 2
…
else if(表达式 n)
    复合语句 n
else
    复合语句 n+1
```

执行流程:先计算表达式 1 的值,如果表达式 1 的值为非 0,则执行复合语句 1,否则计算表达式 2 的值,如果表达式 2 的值为非 0,则执行复合语句 2,以此类推,当表达式 1 到表达式 n 的值都为 0 时,最后才执行 else 子句的复合语句 n+1。

if...else...if 语句要特别注意一点:第 i 个 if 语句都有一个隐含的前提条件,即前面 i-1 个条件都不成立。这个隐含条件不需要显式地写出来,因为 else(否则)已经包含了这个前提。只有充分认识到这一点,才能写出简洁优美的多路分支 if 语句。

if...else...if 语句的执行流程如图 4-3 所示。

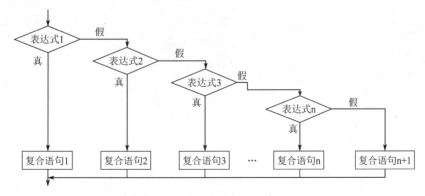

图 4-3　if...else...if 语句的执行流程

if...else...if 语句的注意事项如下。

(1)表达式两边的括号是必需的,不能省略。

（2）if（表达式）和 else 后面不能随便添加分号，否则受条件控制的就变成空语句。

（3）if 选择结构中的表达式一般是关系表达式或逻辑表达式，但实际上可以是任意表达式。如果该表达式的值是非 0，则逻辑值为 1，该表达式逻辑就成立。如果该表达式的值是 0，则逻辑值为 0，该表达式逻辑不成立。

（4）如果复合语句内部只有一条语句，可以不使用花括号。但是建议初学者，无论是一条还是多条语句，都添加一对花括号，这样编程时不容易出错。

【例 4-5】输入 x，计算并输出分段函数 $f(x)$ 的值。分段函数的数学定义如下：

$$f(x) = \begin{cases} \sin x & 0.5 \leq x < 1.5 \\ \ln x & 1.5 \leq x < 4.5 \\ e^x & 4.5 \leq x < 7.5 \end{cases}$$

例题分析：本例题需要用到多个数学函数，因此必须包含 math.h 头文件。当使用 if...else...if 语句求解时，关键是该怎么写条件，怎样写得简洁。可以考虑 3 个分段区间之外写一个条件，其他每个区间写一个条件。

源代码：

```
01 #include <stdio.h>
02 #include <math.h>
03 int main()
04 {
05     double x, y;
06     scanf("%lf", &x);
07     if(x < 0.5 || x >= 7.5)
08     {
09         printf("x值超出范围！\n");
10     }
11     else if(x < 1.5)
12     {
13         y = sin(x);
14         printf("sin(%lf)=%lf\n", x, y);
15     }
16     else if(x < 4.5)
17     {
18         y = log(x);
19         printf("log(%lf)=%lf\n", x, y);
20     }
21     else
22     {
23         y = exp(x);
24         printf("exp(%lf)=%lf\n", x, y);
25     }
26     return 0;
27 }
```

运行结果：

```
0.2✓
x 值超出范围！
11.8✓
x 值超出范围！
1.2✓
sin(1.200000)=0.932039
4.1✓
log(4.100000)=1.410987
5.3✓
exp(5.300000)=200.336810
```

4.4 条件运算符及其表达式

条件运算符"?:"是 C 语言中唯一的一个三目运算符，其语法格式如下：

表达式 1 ? 表达式 2 : 表达式 3

条件表达式的运算过程：先计算表达式 1 的值，如果它的值为非 0（真），将表达式 2 的值作为条件表达式的值，否则，将表达式 3 的值作为条件表达式的值。

条件运算符及其说明如表 4-3 所示。

表 4-3 条件运算符及其说明

运 算 符	名 称	类 型	优 先 级	结 合 性
?:	条件运算符	三目	13	右结合

条件运算符的优先级较低，只比赋值运算符和逗号运算符高。

当条件运算符嵌套时，注意利用它的右结合性来判断表达式加括号的优先顺序。

【例 4-6】输入两个正整数，求这两个正整数的最大值，并将其输出。

例题分析：本例题既可以使用 if 语句求解，也可以使用条件运算符求解，而且代码更简洁。

源代码：

```
01 #include <stdio.h>
02 int main()
03 {
04     int a, b, maxnum;
05     scanf("%d%d", &a, &b);
06     maxnum = a > b ? a : b;    /*因为条件运算符优先级比赋值运算符优先级高，所以这
                                    里不用添加括号也能得到正确结果*/
07     printf("%d\n", maxnum);
08     return 0;
09 }
```

运行结果：

```
23 81↙
81
454 32↙
454
```

4.5 switch 语句

switch 语句用于处理多分支选择问题，其语法格式如下：

```
switch(表达式)
{
    case 常量表达式 1: 语句序列 1;
    case 常量表达式 2: 语句序列 2;
    …
    case 常量表达式 n: 语句序列 n;
    default:          语句序列 n+1;
}
```

执行流程：首先计算表达式的值，然后将表达式的值与各 case 后面的常量表达式的值依次进行比较。如果表达式的值等于某个常量表达式的值，则执行该常量表达式对应分支中的语句序列，并继续往下执行，直到执行完所有的后续语句序列后结束 switch 语句。如果没有匹配的常量表达式，但如果有 default 语句，则执行 default 子句中的语句序列，再结束 switch 语句。

switch 语句的执行流程如图 4-4 所示。

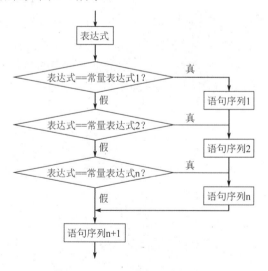

图 4-4 switch 语句的执行流程

使用 switch 语句要注意以下几点。

（1）switch 后面的表达式和 case 后面的常量表达式的值必须是整型、字符型或枚举类型。

（2）case 后面的常量表达式的值不能重复。

（3）case 后面的语句段可以是一条语句，也可以是多条语句，不需要将它们用花括号括起来，甚至可以是空语句。

（4）习惯上把 default 子句写在最后面，它也可以省略。

【例 4-7】输入正整数 n（1≤n≤7），输出指定倒立三角形。例如，当输入 n=3 时，输出如下倒立三角形。

```
***
**
*
```

例题分析：虽然本例题使用 if 语句可以完成相应功能，但是考虑到 n 的值只有 7 种情况，使用 switch 语句来编程。由于三角形是倒立的，而 case 后面的语句序列是一直往后执行的，直到执行到最后才结束，也就是说，当 n 为 7 时要输出 7 行，当 n 为 1 时只需要输出 1 行，因此 case 后面的常量值为 7～1，在每种情况下只需要输出一行即可。

源代码：

```
01 #include <stdio.h>
02 int main()
03 {
04     int n;
05     scanf("%d", &n);
06     switch(n)
07     {
08         case 7: printf("*******\n");
09         case 6: printf("******\n");
10         case 5: printf("*****\n");
11         case 4: printf("****\n");
12         case 3: printf("***\n");
13         case 2: printf("**\n");
14         case 1: printf("*\n");
15     }
16     return 0;
17 }
```

运行结果：

```
5
*****
****
***
**
*
```

有时，程序在满足第 i 个条件后，从语句序列 i 开始执行，但它并不需要一直执行到语句序列 n+1 为止。为了解决这个问题，只需要在语句序列 i 的最后添加一条 break 语句。添加了 break 语句的分支就构成了一条独立分支。switch 语句在执行过程中一旦遇到 break 语句，立即跳出它所在的 switch 结构，执行 switch 结构外的下一条语句。

【例 4-8】已知成绩等级和分数的关系，如表 4-4 所示。请输入考试成绩等级，并输出相应的百分制分数段。

表 4-4　等级分数对应表

等　级	分数/分
A	85～100
B	70～84
C	60～69
D	<60

例题分析：由于本例题根据 4 种不同等级来处理，因此适合用 switch 语句。

源代码：

```
01 #include <stdio.h>
02 int main()
03 {
04     char grade;
05     scanf("%c", &grade);
06     switch(grade)
07     {
08         case 'A': printf("85～100\n"); break;
09         case 'B': printf("70～84\n"); break;
10         case 'C': printf("60～69\n"); break;
11         case 'D': printf("<60\n"); break;
12         default: printf("error\n");
13     }
14     return 0;
15 }
```

运行结果：

```
B✓
70～84
```

当问题需要根据有限个整数值来区分不同情况分别加以处理时，适合使用 switch 语句。当问题需要根据不同条件分别加以处理时，适合使用 if 语句。在一般情况下，switch 语句可以转换成 if 语句来实现。在有些情况下，适合使用 if 语句的问题也可以使用 switch 语句求解。在这种情况下，关键是要想办法把区间判断转化为几种整数值的判断。

【例 4-9】输入一个学生的成绩，统计并输出五分制成绩。百分制成绩到五分制成绩的转换规则：大于或等于 90 分为 A，小于 90 分且大于或等于 80 分的为 B，小于 80 分且大于或等于 70 分的为 C，小于 70 分且大于或等于 60 分的为 D，小于 60 分的为 E。

例题分析：本例题适合使用 if 语句来求解，但也能使用 switch 语句来求解。关键在于如何把区间映射为有限的几个整数值。在此我们设计一个映射函数(int)(score / 10)，通过这个映射函数，把 0～100 这个区间的分数值映射为 0～10 的正整数。

源代码：

```
01 #include <stdio.h>
02 int main()
03 {
04     float score;
05     scanf("%f", &score);
06     switch((int)(score / 10))
07     {
08         case 10:
09         case 9: printf("A\n"); break;
10         case 8: printf("B\n"); break;
11         case 7: printf("C\n"); break;
12         case 6: printf("D\n"); break;
13         default: printf("E\n");
14     }
15     return 0;
16 }
```

运行结果：

```
74✓
C
```

4.6　选择的嵌套

当 if 语句中的 if 或 else 子句中又包含 if 语句时，就形成了 if 语句的嵌套。嵌套 if 语句要注意缩进编排以突出程序的逻辑结构。

嵌套 if 语句中的 if 和 else 个数可能比较多，但 if 的个数总不少于 else 的个数。众多的 if 和 else 会带来匹配问题。C 语言规定，else 总是与在它之前的、离它最近的、尚未匹配过的、同一个语句块中的 if 匹配。例如：

```
if(x < 0)
    if(y > 1)
        z = 1;
    else
        z = 2;
```

根据 if 和 else 的匹配规则，上面的 else 应该与第二个 if 匹配。如果把代码改成下列形式：

```
if(x < 0)
{
    if(y > 1)
        z = 1;
}
else
    z = 2;
```

则 else 与第一个 if 匹配，因为此时 else 和第二个 if 不在同一个语句块中。

if 不仅能与 if 嵌套，也可以与 switch 互相嵌套，switch 和 switch 之间也可以互相嵌套。当 switch 与 switch 互相嵌套时，要注意每层 switch 中的 break 语句都只能跳出它所在的 switch 语句，并不能直接跳到最外层。

【例 4-10】执行以下语句后，整型变量 x 的值为多少？

```
01 switch(x = 1)
02 {
03     case 0: x = 10; break;
04     case 1: switch(x = 1)
05     {
06         case 1: x = 20;
07         case 2: x = 30; break;
08         default: x = 0;
09     }
10     x = 1;break;
11 }
```

A. 30   B. 20   C. 10   D. 1

例题分析：本例题有两层 switch 互相嵌套。首先计算外层 switch 的表达式 x = 1 的值为 1，于是从第 4 行的 case 1 后面的语句开始执行，这里的语句又是一个 switch，表达式 x = 1 的值也是 1，于是从第 6 行 case 后面的语句 x = 20 开始执行，然后往下执行 x = 30，当遇到 break 语句后，跳出内层 switch，执行 x = 1，当再遇到 break 语句后跳出外层循环，最后 x 的值为 1，故选 D。

【例 4-11】求出 3 个数中的最大值并将其输出。

例题分析：在求一组数据的最大值时，可以使用擂台法。擂台法是指先假设这组数据中的某个数据最大，可以形象地称该数据站在擂台上，其余数据依次和擂台上的数据比较。如果有数据比擂台上的数据大，则用它替换擂台上的数据。如此往复，最后站在擂台上的数据一定是最大值。

源代码：

```
01 #include <stdio.h>
02 int main()
03 {
04     int a, b, c, maximum;
05     scanf("%d%d%d", &a, &b, &c);
06     maximum = a;        /*假设 a 最大 */
07     if(maximum < b)     /*如果 b 更大，则用 b 替换 maximum */
08     {
09         maximum = b;
10     }
11     if(maximum < c)     /*如果 c 更大，则用 c 替换 maximum */
12     {
13         maximum = c;
```

```
14        }
15        printf("最大值为%d\n", maximum);
16        return 0;
17 }
```

运行结果：

```
8 12 9↙
最大值为 12
```

【例 4-12】已知 a、b、c 为整数，求方程 $ax^2+bx+c=0$ 的根并保留 2 位小数输出。

例题分析：本例题是比较经典的复杂选择问题，需要对 a、b、c 的取值进行讨论。经分析讨论结果如下。

（1）当 $a=0$ 时。

① 当 $b=0$ 时。

● 当 $c=0$ 时，有无穷多解。

● 当 $c\neq0$ 时，无解。

② 当 $b\neq0$ 时，有一个解 $x=-c/b$。

（2）当 $a\neq0$ 时，此时该方程为一元二次方程，$\Delta=b^2-4ac$。

① 当 $\Delta>0$ 时，有两个不等实根。

② 当 $\Delta=0$ 时，有两个相等实根。

③ 当 $\Delta<0$ 时，有两个共轭虚根。

把上述讨论结果转化为相应代码即可。

源代码：

```
01 #include <stdio.h>
02 #include <math.h>
03 int main()
04 {
05      int a, b, c, delta;
06      double x1, x2;
07      scanf("%d%d%d", &a, &b, &c);
08      if(a == 0)
09      {
10          if(b == 0)
11          {
12              if(c == 0)
13              {
14                  printf("有无穷多解! \n");
15              }
16              else
17              {
18                  printf("无解! \n");
19              }
20          }
```

```
21          else
22          {
23              printf("有一个解 x=%.2f\n", -c * 1.0 / b);
24          }
25      }
26      else
27      {
28          delta = b * b - 4 * a * c;
29          if(delta > 0)
30          {
31              x1 = (-b + sqrt(delta)) / (2 * a);
32              x2 = (-b - sqrt(delta)) / (2 * a);
33              printf("有两个不等实根: x1=%.2f,x2=%.2f\n", x1, x2);
34          }
35          else if(delta == 0)
36          {
37              x1 = -b / (2.0 * a);
38              printf("有两个相等实根: x1=x2=%.2f\n", x1);
39          }
40          else
41          {
42              x1 = -b / (2.0 * a);              /*实部*/
43              x2 = sqrt(-delta) / (2 * a);      /*虚部*/
44              printf("有两个共轭虚根: x1=%.2f+%.2fi,x2=%.2f-%.2fi\n", x1,
                    x2, x1, x2);
45          }
46      }
47      return 0;
48 }
```

运行结果：

```
0 0 0↙
有无穷多解！
0 0 3↙
无解！
0 1 5↙
有一个解 x=-5.00
1 6 9↙
有两个相等实根: x1=x2=-3.00
4 7 2↙
有两个不等实根: x1=-0.36,x2=-1.39
1 1 1↙
有两个共轭虚根: x1=-0.50+0.87i,x2=-0.50-0.87i
```

4.7　本章小结

　　本章介绍了关系、逻辑和条件三类运算符及其表达式。其中条件运算符是唯一的三目运算符，它的优先级仅高于赋值运算符和逗号运算符。关系表达式和逻辑表达式的值均为 0 和 1，因此它们也可以作为操作数参与运算。

　　选择语句又被称为"分支语句"，主要包括 if 语句和 switch 语句。if 语句又分为简单 if 语句、if...else 语句和 if...else...if 语句。if 语句一般用在区间选择的情况，switch 语句一般用在有限选择的情况。在学习 switch 语句时要注意 break 语句的使用。

　　if 语句和 switch 语句还可以互相嵌套。当出现嵌套时，要注意 if 和 else 的匹配问题。else 总是与在它之前的、离它最近的、还没匹配过的、在同一个语句块的 if 匹配。当出现多个 switch 语句嵌套时，要注意 break 语句只能跳出它所在的 switch 语句。

习题 4

1. 找出并修改以下代码段中的错误。

```
#define PI 3.14159;
if(r > 0);
area = PI * r * r;
```

2. 找出并修改以下列程序中的错误。程序的功能是：将华氏温度转换为摄氏温度，转换公式为 $c = \dfrac{5}{9}(f - 32)$。

```
#include <stdio.h>
int main()
{
    double f, c;
    printf("输入华氏温度: ");
    scanf("%f",f);
    c = (5 / 9) * (f - 32);
    printf("对应的摄氏温度: %.1f\n", &c);
    return 0;
}
```

3. 使用 switch 语句重写下面的级联式 if 语句。

```
if(value == 1)
    x += 5;
else if(value == 2)
    x += 10;
else if(value == 3)
    x += 16;
```

```
    else if(value == 4)
        x += 32;
```

4. 已知 x、y、z 为整型变量，假设 x 为 3、y 为 2，写出下面代码段的输出结果。当 x 为 3、
   y 为 4 时，输出结果又是什么？当 x 为 2、y 为 2 时，输出结果又是什么？

```
    if(x > 2)
    {
        if(y > 2)
        {
            z = x + y;
            printf("z=%d\n", z);
        }
    }
    else
        printf("x=%d\n", x);
```

5. 以下程序的运行结果是_____。

```
    #include <stdio.h>
    int main()
    {
        int a = 1, b = 2, c = 3;
        if(c = a)
            printf("%d\n", c);
        else
            printf("%d\n", b);
        return 0;
    }
```

6. 以下程序的运行结果是_____。

```
    #include <stdio.h>
    int main( )
    {
        int n = 0, m = 1, n = 2;
        if(!n) x -= 1;
        if(m) x -= 2;
        if(x) x -= 3;
        printf("%d\n", x);
        return 0;
    }
```

7. 以下程序的运行结果是_____。

```
    #include <stdio.h>
    int main( )
    {
        int a = 3, b = 4, c = 5, t = 99;
        if(b < a && a < c) t = a; a = c; c = t;
```

```
    if(a < c && b < c) t = b; b = a; a = t;
    printf("%d %d %d\n", a, b, c);
    return 0;
}
```

8. 以下程序用于判断 a、b、c 能否构成三角形，如果能，则输出 YES，否则输出 NO。在判断三角形三个边的边长时，a、b、c 能构成三角形的条件是这 3 个数同为正数且任意两边的总长度大于第三边的长度。请填空。

```
#include <stdio.h>
int main( )
{
    float a, b, c;
    scanf("%f%f%f", &a, &b, &c);
    if(_____) printf("YES\n");
    else printf("NO\n");
    return 0;
}
```

9. 以下程序的运行结果是_____。

```
#include <stdio.h>
int main( )
{
    int a = 0, b = 0, c = 0, d = 20,x;
    if(a) d = d - 10;
    else if(!b)
        if(!c)
            x = 15;
        else
            x = 25;
    printf("d=%d,x=%d\n", d, x);
    return 0;
}
```

10. 运行以下程序，当输入 2、7 后，程序的运行结果是_____。

```
#include <stdio.h>
int main( )
{
    int s = 1, t = 1, a, b;
    scanf("%d,%d", &a, &b);
    if(a > 0)
        s = s + 1;
    if(a > b)
        t = s + t;
    else
        if(a == b)
            t = 5;
```

```
        else
            t = 2 * s;
        printf("s=%d,t=%d\n", s, t);
        return 0;
    }
```

11. 以下程序的运行结果是_____。

```
#include <stdio.h>
int main( )
{
    int x = 1, y = 0;
    switch(x)
    {
    case 1:
        switch(y)
        {
        case 0: printf("Title 1\n"); break;
        case 1: printf("Title 2\n"); break;
        }
    case 2: printf("Title 3\n");
    }
    return 0;
}
```

12. 以下程序的运行结果是_____。

```
#include <stdio.h>
int main( )
{
    int a, b, c;
    a = 'E'; b = 'J'; c= 'W';
    if(a > b)
        if(a > c)
        printf("%c\n", a);
    else
        printf("%c\n", c);
    else if(b > c)
        printf("%c\n", b);
    else
        printf("%c\n", c);
    return 0;
}
```

13. 以下程序的运行结果是_____。

```
#include <stdio.h>
int main( )
{
```

```
    int a = 1, b = 3, c = 5;
    if(c = a + b) printf("yes\n");
    else printf("no\n");
    return 0;
}
```

14. 以下程序的运行结果是_____。

```
#include <stdio.h>
int main( )
{
    int p, a = 5;
    if(p = a != 0) printf("%d\n", p);
    else printf("%d\n", p + 2);
    return 0;
}
```

15. 判断 char 类型变量 c1 是否为小写字母的正确表达式为（   ）。

A. 'a' <= c1 <= 'z'   B. (c1 >= a) && (c1 <= z)

C. ('a' <= c1) || ('z' >= c1)   D. (c1 >= 'a') && (c1 <= 'z')

16. 如果已定义 "int x, y;"，则不能实现以下函数关系的程序段是（   ）。

$$y = \begin{cases} -1 & (x < 0) \\ 0 & (x = 0) \\ 1 & (x > 0) \end{cases}$$

```
A.  if(x < 0) y = -1            B.  y = 1;
        else if(x == 0) y = 0;         if(x <= 0)
        else y = 1;                        if(x < 0) y = -1;
                                       else y = 0;
```

```
C.  y = 0;                      D.  if(x >= 0)
    if(x >= 0)                         if(x > 0) y = 1;
    if(x > 0) y = 1;                   else y = 0;
    else y = -1;                   else y = -1;
```

17. 设变量 a、b、c、d 和 y 都已正确定义并赋值。如果有以下 if 语句：

```
if(a < b)
    if(c == d) y = 0;
    else y = 1;
```

则该语句所表示的含义是（   ）。

A. $y = \begin{cases} 0(a < b \text{且} c = d) \\ 1 \quad (a \geqslant b) \end{cases}$ B. $y = \begin{cases} 0 \ (a < b \text{且} c = d) \\ 1 \ (a \geqslant b \text{且} c \neq d) \end{cases}$

C. $y = \begin{cases} 0 \ (a < b \text{且} c = d) \\ 1 \ (a < b \text{且} c \neq d) \end{cases}$ D. $y = \begin{cases} 0 \ (a < b \text{且} c = d) \\ 1 \quad (c \neq d) \end{cases}$

18. 有以下程序：

```
#include <stdio.h>
int main( )
{
    int a = 0, b = 0, c = 0, d = 0;
    if(a = 1) b = 1; c = 2;
    else d = 3;
    printf("%d,%d,%d,%d\n", a, b, c, d);
    return 0;
}
```

以上程序的运行结果是（　　　）。

A. 0,1,2,0　　　　B. 0,0,0,3　　　　C. 1,1,2,0　　　　D. 编译有错

19. 如果已定义 "int w = 1, x = 2, y = 3, z = 4;"，则表达式 w > x ? w : z > y ? z : x 的值是（　　　）。

A. 4　　　　　　B. 3　　　　　　C. 2　　　　　　D. 1

20. 如果已定义 "int a = 2, b = 7, c = 5;"，则运行以下程序后，输出结果为（　　　）。

```
switch(a > 0)
{
    case 1: switch(b < 0)
    {
        case 1: printf("@"); break;
        case 2: printf("!"); break;
    }
    case 0: switch(c == 5)
    {
        case 0: printf("*"); break;
        case 1: printf("#"); break;
        default: printf("$"); break;
    }
    default: printf("&");
}
```

A. @#&　　　　　B. #&　　　　　　C. *&　　　　　　D. $&

21. 以下程序的运行结果是（　　　）。

```
#include <stdio.h>
int main( )
{
    int a = 0, i = 1;
    switch(i)
    {
        case 0:
        case 1: a += 2;
        case 2:
        case 3: a += 3;
```

```
    default: a += 7;
    }
    printf("%d\n", a);
    return 0;
}
```
A. 12   B. 7   C. 2   D. 5

22. 从键盘上输入 x、y 的值，按下列公式求 z 的值。

$$z = \begin{cases} \dfrac{x^2+1}{x^2+2} \times y & (x \geq 0, y > 0) \\ \dfrac{x-2}{y^2+1} & (x > 0, y \leq 0) \\ x + y & (x < 0) \end{cases}$$

23. 假设征税的办法如下：收入在 800 元以下（含 800 元）的不征税；收入在 800 元以上，1200 元以下者（含 1200 元），超过 800 元的部分按 5%的税率收税；收入在 1200 元以上，2000 元以下者（含 2000 元），超过 1200 元部分按 8%的税率收税；收入在 2000 元以上者，2000 元以上部分按 20%的税率收税。编写按收入计算税费的程序（要求使用 switch 语句编写程序）。

24. 编写程序，输入一个整数，判断它能否被 3、5、7 整除。

25. 编写程序，输入 3 个整数，将它们按从小到大的顺序输出。

26. 编写程序，用整数 1～12 表示 1 月～12 月，由键盘输入一个月份数，输出对应季节的英文名称（12～2 月为冬季，3～5 月为春季，6～8 月为夏季，9～11 月为秋季，要求使用 if 嵌套语句实现）。

27. 编写程序，用户以"月/日/年"的格式输入日期，在屏幕上显示法定格式的日期。例如：
```
Enter data (mm/dd/yy): 7/19/14
Dated this 19th day of July, 2014.
```

28. 编写程序，输入一个整数，将数值按小于 10、10～99、100～999、1000 以上分类并显示。

29. 编写程序，要求用户输入 24 小时制的时间，然后显示 12 小时制的时间。例如：
```
Enter a 24-hour time: 21:11
Equivalent 12-hour time: 9:11 PM
```
注意不要把 12:00 显示成 0:00。

30. 编写程序，输入整数 a 和 b，若 a^2+b^2 的值大于 100，则输出 a^2+b^2 的值百位上的数字，否则输出两数之和。

31. 大林为班上每个学生都进行了编号，号码由 6 个字符组成，如 A12345，B34567 等，这个字符串的第一个字符为大写字母，后 5 个为数字。假设字母 L、S、Y 开头的表示大林的老乡，其他字母开头的表示其他学生。编写程序，输入一个编号，请判断该编号表示的学生是否为大林的老乡。如果是，则输出 YES，否则输出 NO。

32. 为促进男女生友爱互助和谐进步，在大林的热心组织下，学院在新生中开展了男女学生宿舍联谊活动，该活动首先由一个女生寝室提出联谊要求，然后由 3 个男生寝室积极响应。女生寝室号是一个 4 位数，而男生的寝室号是一个 3 位数。联谊配对的规则如下：如果女生寝室号各位数字的和等于男生寝室号各位数字的和，则这两个寝室结为联谊寝室。编写程序，找出合适的联谊寝室。例如，当输入"1230 414 533 114"时，输出"1230 和 114 为联谊寝室"。

33．编写程序，用户首先输入一个 2 位数，然后显示该数的英文单词。

```
Enter a two-digit number: 45
You entered the number forty-five.
```

提示：把输入的数分解为两个数字，首先使用一个 switch 语句显示第一位数字对应的单词（如"twenty"与"thirty"等），然后使用第二个 switch 语句显示第二位数字对应的单词。需要注意的是，11～19 需要特殊处理。

第5章 循环结构

本 章 要 点

- 自增/自减运算符与逗号运算符。
- while 语句、do...while 语句与 for 语句。
- break 语句与 continue 语句。
- 嵌套循环。

计算机最擅长的事情就是重复。重复执行某个操作的过程称为"循环"。用户可以使用循环告诉程序重复执行某些语句。

解决一些实际问题有时需要做大量的重复操作，如输出 1000 次"Hello World!"、计算 1~100 的整数的和等。如果只是累加 10 个整数，则可以声明 10 个变量，先将键盘上输入的 10 个整数分别存储在这 10 个变量中，再将这 10 个变量累加。如果要累加 100 个或更多的整数，则再采用这种方法肯定是不合适的。我们无法容忍完成这样简单的任务需要声明这么多个变量。这一类问题随着循环的引入将迎刃而解。

C 语言的循环语句包括 while 语句、do...while 语句与 for 语句。

5.1 自增/自减运算符及其表达式

除了前文介绍的+、-、*、/、%算术运算符，还有自增/自减运算符++和--，其说明如表 5-1 所示。

表 5-1 自增/自减运算符及其说明

运 算 符	名 称	类 型	优 先 级	结 合 性
++	自增运算符	单目	2	右结合
--	自减运算符			

自增/自减运算符的优先级和结合性与正/负号类似。下面以自增运算符++为例重点介绍，自减运算符--同理可得。

自增运算符根据++在变量的前后位置分成以下两类。

（1）i++：先用后加，++在变量 i 后面（后加），表示先使用变量 i 的值，也就是先让变量 i 参与运算，再把 i 的值加 1。

（2）++i：先加后用，++在变量 i 前面（先加），表示先把变量 i 的值加 1，再让变量 i 参与运算。

例如：

int j,k;

① j = 3; k = ++j;

② j = 3; k = j++;

在语句块①中，++在变量 j 的前面，所以先加后用，即先把 j 的值加 1 再使用 j。让 j 的值变成 4，再让 j 参与表达式的运算，把 j 的值赋给 k，于是 k 的值为 4。

在语句块②中，++在变量 j 的后面，所以先用后加，即先使用 j 再把 j 的值加 1。先让 j 参与表达式的运算，把 j 的值赋给 k，使 k 的值为 3，再让 j 的值加 1 变为 4。

在拥有大量数据时，++i 的性能要比 i++的性能好。由于 i++需要在使用完当前值后再加 1，因此它需要一个临时变量进行转存，而++i 直接进行加 1 操作，省去了对内存的操作环节。

在表达式-i++中，负号-和自增运算符++的优先级是相同的，它们都是右结合性，因此该表达式等价于-(i++)。在表达式 j+++k 中，系统在理解该表达式时到底是理解成(j++) + k 还是 j + (++k)，事实上在理解这类表达式时，也有着与之前处理转义字符类似的原则，系统会尽量取最长的组合，即(j++) + k。

需要注意的是，自增/自减运算符的运算对象只能是变量，不能是常量或表达式。例如，3++或++(a + b)都是非法表达式。

前面介绍过，C 语言在计算复杂表达式的值时，会根据表达式中运算符的优先级高低依次添加括号，优先级高的运算符优先添加括号以保证它对操作数的优先占有，并不意味着优先级高的运算先进行计算，表达式的计算还是按进栈压栈先后顺序依次进行。例如，在计算表达式 8 + 7 + 6 * 3 时，8 + 7 的运算先于 6 * 3。

实际上，如果表达式中的运算符都没有副作用，即都不会改变变量的值，优先级高的运算先计算或后计算对结果是没有影响的。在刚才的实例中，先计算 6*3 并不会影响取得正确结果。自增/自减运算符具有副作用，因此计算顺序可能会对结果产生影响。例如：

```
int i = 3, t;
t = 8 + i + 6 * (++i);
```

按照系统从左到右的计算顺序，先计算 8 + i 等于 11，6 * (++i)结果等于 24，t 的值为 35。如果这时还按照运算符优先级来计算，先计算++i，i 的值变成 4，再算 6*4，结果为 24，与前面的 8 + i 相加，注意此时 i 的值为 4，最终 t 的值变成 36。

C 语言对运算符两侧操作数的求值顺序也并未做出明确规定，允许编译系统采取不同的处理方式。例如，当计算表达式 f() + g()时，可以先求 f()，再求 g()，也可以相反。

自增/自减运算符也可以作用于浮点型变量。

5.2 逗号运算符及其表达式

在 C 语言中，逗号也可以作为运算符使用，此时它的优先级最低。逗号表达式的语法格式如下：

表达式 1，表达式 2，...，表达式 n

逗号表达式的运算过程：先计算表达式 1 的值，再计算表达式 2 的值，...，最后计算表达式 n 的值，并将表达式 n 的值作为逗号表达式的值。在逗号运算中，前面 n-1 个表达式应该始终有副作用，否则便失去了存在意义。逗号运算符及其说明如表 5-2 所示。

表 5-2 逗号运算符及其说明

运 算 符	名 称	类 型	优 先 级	结 合 性
，	逗号运算符	双目	15	左结合

例如，在表达式 "a = 3 * 5, a * 4, a + 5" 中共有 4 种运算符，其中乘法优先级最高，加法次之，赋值再次之，逗号最低。因此原表达式等价于表达式 "(a = (3 * 5)), (a * 4), (a + 5)"，所以 a 的值为 15，表达式的值为最后一个表达式的值，即 20。这里第二个表达式 a * 4 其实是没有存在意义的。

逗号运算符和自增/自减运算符在循环中经常用到。

5.3 while 语句

C 语言有 3 种循环语句。while 语句是最简单也是最基本的循环语句。此外，这 3 种循环语句是等价的，可以互相替换。在一般情况下，for 语句多用于指定次数的循环，while 语句和 do...while 语句多用于条件判断的循环，其中 while 语句多用于当型循环，do...while 语句多用于直到型循环。

while 语句的语法格式如下：

while(表达式)
    循环体语句;

while 语句的执行流程：先计算表达式的值。如果值为 0，则结束循环，如果值为非 0，说明该表达式成立，则执行循环体语句；再次计算表达式是否成立，如此往复循环，直到表达式的值为 0 时结束循环。

while 语句的执行流程如图 5-1 所示。

while 语句的注意事项如下。

（1）while 语句中的表达式一般为关系表达式，实际上也可以是任意表达式。只要表达式的值为非 0，就认为它是成立的。

（2）while 语句表达式所在行末一般不用添加分号，如果添加了分号，则循环体为空语句，必须注意此时是否出现死循环。

（3）循环体可以是一条语句，也可以是多条语句，如果是

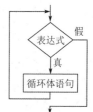

图 5-1 while 语句的执行流程

多条语句，需要添加一对花括号形成复合语句。

【例 5-1】计算表达式 1+2+3+…+99+100 的值并输出结果。

例题分析：表达式是求 $s = \sum_{i=1}^{100} i$ 的值，我们可以声明变量 i，用于保存当前累加的整数，声明变量 s 用于保存累加值，其初始值为 0，求 1 累加到 100 的过程等价于求

```
s=s+1;
s=s+2;
s=s+3;
…
s=s+99;
s=s+100;
```

这是一个循环过程，可以使用 while 语句求解。

源代码：

```
01 #include <stdio.h>
02 int main()
03 {
04     int i = 1, s = 0;
05     while(i <= 100)
06     {
07         s = s + i; /*累加器*/
08         i++;
09     }
10     printf("%d\n", s);
11     return 0;
12 }
```

运行结果：

```
5050
```

在使用循环解决问题时，要注意检查循环边界条件，即 1 和 100 是否已经正确加到 s 上，不要少加也不能多加。

如果要计算 100 以内奇数的和，将上述代码修改为：

```
01 #include <stdio.h>
02 int main()
03 {
04     int i = 1, s = 0;
05     while(i <= 100 && i % 2 == 1)
06     {
07         s = s + i;
08         i++;
09     }
10     printf("%d\n", s);
11     return 0;
12 }
```

答案是否定的。因为 i % 2 == 1 是判断奇数的条件，它是循环体内累加的条件，而不是循环判断条件。把累加条件放到和循环条件并列，将使循环体只执行一次就结束。正确的做法应该是将循环体中的代码修改为：

```
s = s + i;
i += 2;
```

或者在循环体内使用 if 语句：

```
if(i % 2 == 1)
{
    s = s + i;
}
i++;
```

5.4　do...while 语句

while 语句是先判断再循环，而 do...while 则是先循环再判断，其语法格式如下：

```
do
    循环体语句;
while(表达式);
```

do...while 语句的执行流程：先执行循环体语句，再计算表达式的值，只要表达式的值为非 0，就认为它是成立的；继续执行循环体语句，直到表达式的值为 0 时结束循环。

do...while 语句的执行流程如图 5-2 所示。

do...while 语句的注意事项如下。

（1）do...while 语句的循环体可以是一条语句，也可以是多条语句，如果是多条语句，需要添加一对花括号形成复合语句。

（2）while 后面的表达式可以是任意表达式，只要其值为非 0 就认为它是成立的。

（3）do...while 语句中的 while 行末一定要添加分号。

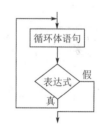

图 5-2　do...while 语句的执行流程

【例 5-2】试分析以下代码段是否为死循环。

```
01 short k = 0;
02 do
03 {
04     ++k;
05 } while(k >= 0);
```

例题分析：初看，k 从 0 开始一直加 1，k 一定是大于 0 的，貌似这个循环是死循环。如果运行这段代码，则这个循环会结束。其原因在于 C 语言中的短整型是有范围的（-32768～32767），当 k 一直加到 32767 时，再加 1 后 k 的值就变成了-32768，此时 k 的值小于 0，循环结束。

当然，如果 k 为整型，甚至为长长整型，上面的循环也不是死循环，只不过跳出循环的时间需要长一些。尽管这个循环不是死循环，但是我们在编写程序时要避免写出这样的代码。

5.5 for 语句

for 语句是 C 语言中的一种循环语句，其语法格式如下：

```
for(表达式1; 表达式2; 表达式3)
    循环体语句;
```

for 语句的执行流程：先执行表达式 1，再判断表达式 2 是否成立，如果成立（表达式的值为非 0），则执行循环体语句，再执行表达式 3；继续判断表达式 2 是否成立，如此往复循环，直到表达式 2 不成立为止，此时结束循环转而执行跟在 for 语句后面的第一条语句。表达式 1 只执行一次，表达式 2、表达式 3 与循环体是循环执行的。

for 语句的执行流程如图 5-3 所示。

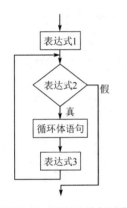

图 5-3　for 语句的执行流程

for 语句是功能强大的一种循环，它是编写许多循环的最佳方法。for 语句的注意事项如下。

（1）for 语句的括号内一般有 3 个表达式，中间用分号隔开。表达式 1 一般是初值表达式，用于给循环变量赋初始值，当需要给多个变量赋初值时可以用逗号隔开；表达式 2 一般是判断表达式，多用关系表达式判断是否满足循环条件；表达式 3 一般是循环步长表达式。实际上这 3 个表达式都可以是任意表达式，也都可以省略，但分号不能省。需要注意的是，for(;;)相当于 for(;1;)，表示循环条件永远成立。在 C99 中表达式 1 可以是一个变量声明，在此处声明的变量只能在循环内使用。

（2）注意表达式 3 是在执行完循环体语句后执行的。

（3）如果循环体中有多条语句，则需要用花括号把这些语句括起来形成复合语句。

（4）for 语句的括号后面一般不用直接添加分号，否则会使循环体变成空语句，引起语义错误。

（5）一般用 for 语句执行指定次数的循环。

【例 5-3】求 100 以内的奇数和与偶数和，分别要求使用 while 语句、do...while 语句和 for 语句来实现。

例题分析：可以在循环体内使用 if 语句进行判断，另外还可以考虑无论是奇数和还是偶数和，它们每次累加的步长都是 2。

while 语句写法源代码：

```
01 #include <stdio.h>
02 int main()
03 {
04     int i = 1, s1 = 0, s2 = 0;
05     while(i <= 100)
```

```
06      {
07          s1 += i;
08          s2 += i + 1;
09          i += 2;
10      }
11      printf("奇数和为%d,偶数和为%d\n", s1, s2);
12      return 0;
13 }
```

或者在循环体内使用 if 语句进行判断，源代码：

```
01 #include <stdio.h>
02 int main()
03 {
04      int i = 1, s1 = 0, s2 = 0;
05      while(i <= 100)
06      {
07          if(i % 2 == 1)
08          {
09              s1 += i;
10          }
11          else
12          {
13              s2 += i;
14          }
15          i++;
16      }
17      printf("奇数和为%d,偶数和为%d\n", s1, s2);
18      return 0;
19 }
```

do...while 语句写法源代码：

```
01 #include <stdio.h>
02 int main()
03 {
04   int i = 1, s1 = 0, s2 = 0;
05   do
06   {
07       s1 += i;
08       s2 += i + 1;
09       i += 2;
10   }while(i <= 100);
11      printf("奇数和为%d,偶数和为%d\n", s1, s2);
12      return 0;
13 }
```

for 语句写法源代码：

```
01 #include <stdio.h>
02 int main()
03 {
04     int i, s1, s2;
05     for(i = 1, s1 = s2 = 0; i <= 100; i += 2)
06     {
07         s1 += i;
08         s2 += i + 1;
09     }
10     printf("奇数和为%d,偶数和为%d\n", s1, s2);
11     return 0;
12 }
```

运行结果：

奇数和为 2500,偶数和为 2550

【例 5-4】从键盘上输入一个整数，在屏幕上将其逆序输出。例如，输入 573，输出 3 7 5 ，注意每个数字后面有一个空格。

例题分析：逆序输出是指首先输出 573 的个位数 3，然后输出其十位数 7，最后输出百位数 5。这样不方便写循环代码。我们需要把这个操作过程变得可循环，可以这样思考，首先输出 573 的个位数 3；其次把 573 的个位数抹掉得到新数 57，输出 57 的个位数 7；再次把 57 的个位数抹掉得到新数 5，输出 5 的个位数 5；最后把 5 的个位数抹掉得到新数 0，操作结束。这个操作过程就是一个循环过程。

源代码：

```
01 #include <stdio.h>
02 int main()
03 {
04     int n;
05     scanf("%d", &n);
06     while(n != 0)
07     {
08         printf("%d ", n % 10);
09         n = n / 10;
10     }
11     return 0;
12 }
```

运行结果：

573✓

3 7 5

如果把逆序输出改成顺序输出，其他不变，我们又该如何求解呢？最容易的做法是先求出它的位数 k，再依次用整数除以 10^{k-1}，10^{k-2}，…，10，每次除完抹掉最高位。例如，整数 1234，共有 4 位，先用 234 除以 10^3，输出结果为 1，抹掉 1234 的最高位 1，得到 234，再用

234 除以 10^2，输出结果为 2，抹掉此时的最高位 2，得到 34，再用 34 除以 10，输出结果为 3，抹掉此时的最高位 3，得到 4。最后输出序列就是原整数 1234 的正序输出序列 1 2 3 4 。我们还有更方便的做法：每次只读入一位整数并输出，直到把整数位数读完为止。

源代码：

```
01 #include <stdio.h>
02 int main()
03 {
04      int n;
05      while(scanf("%1d", &n) != EOF)
06      {
07              printf("%d ", n);
08      }
09      return 0;
10 }
```

上述代码在 OJ 系统上运行时没有问题，因为 OJ 系统的输入数据是存储在后台的输入数据文件中的。当整数位数读完时，scanf() 函数会返回一个文件结束标记 EOF，顺利结束循环。如果在 CodeBlocks 上运行，则需要在输入完整数后按 Enter 键，再按 Ctrl+z 组合键，手动输入一个 EOF 以结束循环。

运行结果：

```
573✓
5 7 3 ^Z
```

5.6　break 语句、continue 语句和 goto 语句

1. break 语句

break 语句用于强制结束循环，转而执行循环体外的第一条语句。break 语句在 3 种循环语句中的执行流程如图 5-4 所示。

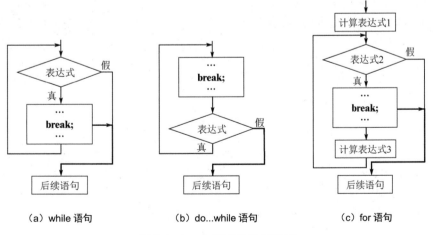

（a）while 语句　　　（b）do...while 语句　　　（c）for 语句

图 5-4　break 语句的执行流程

【例 5-5】求两个正整数的最大公约数和最小公倍数。

例题分析：根据最大公约数和最小公倍数的数学定义，假如这两个正整数为 m 和 n，可以使用循环从 m、n 之中较小者开始寻找公约数，从 m、n 中较大者开始寻找公倍数，第一次找到的数据就是最大公约数或最小公倍数。也可以利用关系式：$m \times n$=最大公约数×最小公倍数，在求得其中一个最大公约数或最小公倍数的前提下，快速求得另一个。

源代码：

```c
01 #include <stdio.h>
02 int main()
03 {
04     int i, m, n, t;
05     scanf("%d%d", &m, &n);
06     if(m < n)    /*如果 m < n,则交换 m 与 n 的值 */
07     {
08         t = m, m = n, n = t;
09     }
10     for(i = n; i >= 1; i--)
11     {
12         if(m % i == 0 && n % i == 0)
13         {
14             break;
15         }
16     }
17     printf("最大公约数为%d, ", i);
18     for(i = m; ; i += m)
19     {
20         if(i % n == 0) /*i 一定是 m 的倍数，只需判断 i 是否是 n 的倍数*/
21         {
22             break;
23         }
24     }
25     printf("最小公倍数为%d\n", i);
26     return 0;
27 }
```

也可以利用关系式求解，源代码：

```c
01 #include <stdio.h>
02 int main()
03 {
04     int i, m, n;
05     scanf("%d%d", &m, &n);
06     if(m < n)
07     {
08         t = m, m = n, n = t;
```

```
09        }
10        for(i = m; i >= 1; i--)
11        {
12            if(m % i == 0 && n % i == 0)
13            {
14                break;
15            }
16        }
17        printf("最大公约数为%d，最小公倍数为%d\n", i, m * n / i);
18        return 0;
19 }
```

运行结果：

4 6✓

最大公约数为 2，最小公倍数为 12

2．continue 语句

continue 语句的作用是跳过循环体中剩下的语句，继续下一次循环。continue 语句在 3 种循环语句中的执行流程如图 5-5 所示。

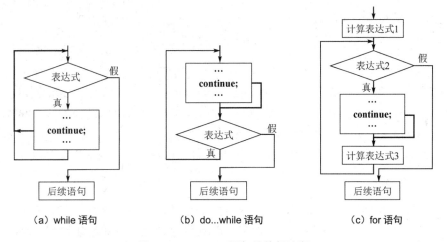

（a）while 语句　　　　　（b）do...while 语句　　　　　（c）for 语句

图 5-5　continue 语句的执行流程

【例 5-6】求 1000 以内能被 3 整除的自然数的和。

例题分析：本例题有很多解题思路，其中一种是遍历 1～1000 所有的自然数，如果不是 3 的倍数就略过，如果是 3 的倍数就累加。声明一个整型变量用于存储累加值，最后输出这个累加值。

源代码：

```
01 #include <stdio.h>
02
03 int main()
04 {
05     int i, sum;
```

```
06      for(sum = 0, i = 1; i < 1000; i++)
07      {
08          if(i % 3 != 0)
09          {
10              continue;
11          }
12          sum += i;
13      }
14      printf("sum=%d\n", sum);
15      return 0;
16  }
```

运行结果：

```
sum=166833
```

与 break 语句相比，continue 语句的使用频率相对要低一些。很多使用 continue 语句的场合都可以使用选择语句来替换，但 break 语句却不可以。例如，可以将例 5-6 中的 for 循环语句替换为：

```
01 for(sum = 0, i = 1; i < 1000; i++)
02 {
03     if(i % 3 == 0)
04     {
05         sum += i;
06     }
07 }
```

break 语句和 continue 语句的主要区别是，break 语句用于结束循环，而 continue 语句还在循环体中。break 语句和 continue 语句一般都需要和 if 语句配合使用。另外，break 语句除了可以用在循环中，还可以用在 switch 语句中，而 continue 语句只能用在循环中。

3. goto 语句

break 语句和 continue 语句是受限制的跳转语句。break 语句跳到包含该语句的循环结束后的第一条语句，而 continue 语句则是跳到本次循环结束之后的第一条语句。goto 语句可以跳到函数中任何有标号的语句处。在 C99 中添加了一条限制：goto 语句不可以用于绕过变长数组的声明。

标号就是放在语句开始处的标识符，其语法格式如下：

标号标识符：语句

一条语句可以有多个标号。goto 语句的语法格式如下：

goto 标号标识符；

当执行"goto L;"时，程序就会跳转到标号 L 后面的语句上，而且该语句必须和 goto 语句在同一个函数中。

goto 语句在早期编程语言中很常见，在现在编程语言中已经很少使用它，因为这种无条件跳转语句使用得太多会破坏程序的结构化，影响程序的可读性。因为 break 语句、continue 语句、return 语句和 exit()函数基本可以应付需要用到 goto 语句的大多数情况。但 goto 语句在解决从包含 switch 语句的循环中退出及从嵌套循环中的退出等问题时还是可以发挥作用的。例如：

```
01 while(...)
02 {
03     switch(...)
04     {
05         goto loop_done;
06     }
07 }
08 loop_done:
09 printf(...);
```

在 switch 语句中执行 "goto loop_done;"，可以直接跳到 while 循环外第 8 行语句处继续执行。在这种情况下，只是在 switch 语句中执行 break 语句只能跳出 switch 语句，而不能直接跳出外层的循环。嵌套循环的情况与之类似。

5.7　嵌套循环

当循环的循环体中又出现了另一个循环，这种形式的循环称为"嵌套循环"或"多重循环"。

嵌套循环的注意事项如下。

（1）使用时务必分析每层循环的循环体语句，而每一层循环都是按照既定的运行流程在运行。外层做一次循环体，内层就要整个循环从头到尾走一遍。

（2）每层循环的循环变量不能相同，否则互相影响，程序无法得到正确结果。

（3）每一层循环都可以是 for 语句、while 语句或 do...while 语句。

（4）务必注意每层循环的初始化语句的位置。一般都放在紧挨着这个循环的前面的语句中。

【例 5-7】输出九九乘法表，如图 5-6 所示。

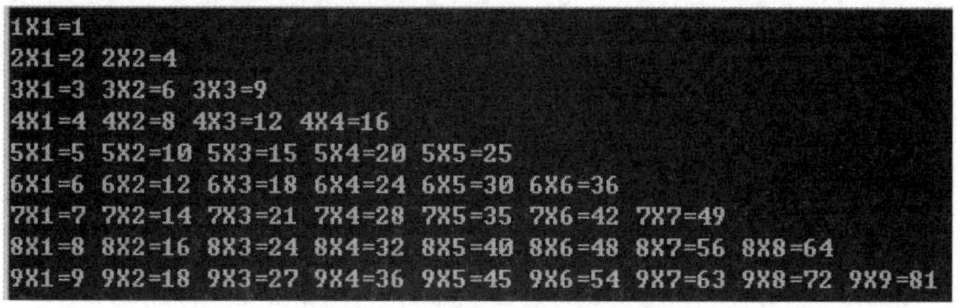

```
1X1=1
2X1=2 2X2=4
3X1=3 3X2=6 3X3=9
4X1=4 4X2=8 4X3=12 4X4=16
5X1=5 5X2=10 5X3=15 5X4=20 5X5=25
6X1=6 6X2=12 6X3=18 6X4=24 6X5=30 6X6=36
7X1=7 7X2=14 7X3=21 7X4=28 7X5=35 7X6=42 7X7=49
8X1=8 8X2=16 8X3=24 8X4=32 8X5=40 8X6=48 8X7=56 8X8=64
9X1=9 9X2=18 9X3=27 9X4=36 9X5=45 9X6=54 9X7=63 9X8=72 9X9=81
```

图 5-6　九九乘法表运行结果

例题分析：九九乘法表共有 9 行，可以用一个循环执行 9 次，每次输出一行。每行输出的项数和行数也有关系。例如，第 i 行输出 i 项。使用两重循环实现该例题。

源代码：

```
01 #include <stdio.h>
02 int main()
```

```
03 {
04      int i,j;
05      for(i = 1; i <= 9; i++)
06      {
07              for(j = 1; j <= i; j++)
08              {
09                      printf("%dX%d=%d ", i, j, i * j);
10              }
11              printf("\n");
12      }
13      return 0;
14 }
```

5.8   循环例题解析

循环的题目很多，难度相较之前的题目有了较大提高。为帮助人们理解并掌握循环，本节将分 5 个类型讲解循环例题。

5.8.1   数列求和

数列求和一般有两种方法求解，第一种方法是求得数列的通项，第二种方法是得到数列中前后两项的关系。

【例 5-8】求 1-1/2+1/3-1/4…，直到最后一项绝对值小于 10^{-6}。

例题分析：显然，这个数列的第 n 项的绝对值为 $1/n$，最后一项的绝对值小于 10^{-6}，可以转化为判断这一项的分母大于 10^6。此外前后两项正负交替，可以使用一个变量存储每一项的符号，每次取反即可达到正负交替的效果。

源代码：

```
01 #include <stdio.h>
02 int main()
03 {
04      int i, flag;
05      double s;
06      for(i = flag = 1, s = 0; i <= 1000000; i++)
07      {
08              s += flag * 1.0 / i;
09              flag = -flag;
10      }
11      printf("%lf\n", s);
12      return 0;
13 }
```

运行结果：

```
0.693147
```

【例 5-9】计算 $a+aa+aaa+\dots+a\dots a$（n 个 a）的值，n 和 a 由键盘输入，且 $1 \leq a \leq 9$。

例题分析：本例题可以求出通项为 $a_n=(10^n-1)/9 \times a$，如果仔细观察，则可以得到式子中前后两项 $a_n=a_{n-1} \times 10+a$，有了这个关系，编写程序就简单了。

源代码：

```
01 #include <stdio.h>
02 int main()
03 {
04      int i, n, a, s, item;
05      scanf("%d%d", &n, &a);
06      for(i = 1, s = item = 0; i <= n; i++)
07      {
08              item = item * 10 + a;
09              s += item;
10      }
11      printf("%d\n", s);
12      return 0;
13 }
```

运行结果：

```
6 8✓
987648
```

【例 5-10】编写程序，从键盘上输入 x 的值，求 $\sin x = x - \dfrac{x^3}{3!} + \dfrac{x^5}{5!} - \dfrac{x^7}{7!} + \dots$，直到最后一项的绝对值小于 1e-7（即 10^{-7}）为止（x 为弧度值）。

例题分析：该多项式第一项为 x，从第二项开始，可以把后面每一项都看成前一项乘以一个因子，即 $\dfrac{-x^2}{n(n-1)}$（$n=3,5,7,9\dots$）。用变量 t 代表每一项的值，且 t 的初值为 x，从第二项开始，后面每一项的值为 $t = t \times \dfrac{-x^2}{n(n-1)}$（$n=3,5,7,9\dots$）。循环累加直到 t 的值满足精度要求为止。

源代码：

```
01 #include <stdio.h>
02 #include <math.h>
03
04 int main()
05 {
06      double s, t, x;
07      int n = 1;
08      scanf("%lf", &x);
09      s = 0, t = x;
```

```
10      do
11      {
12          s += t;
13          n += 2;
14          t *= -x * x / (n * (n - 1));
15      }while(fabs(t) >= 1e-7);
16      printf("sin(%.2lf)=%12.10lf\n", x, s);
17
18      return 0;
19  }
```

运行结果：

```
1.57✓
sin(1.57)=0.9999996270
```

5.8.2 找数

这一类问题一般有两种实现方法，第一种方法是给出数据判断是否符合要求，第二种方法是需要在规定范围内找出所有符合要求的数据。后者一般需要使用嵌套循环来实现。

【例 5-11】判断一个正整数是否为素数。

例题分析：如果一个正整数 n 除 1 与它本身外再无其他因子，则称这个数为"素数"。1 既不是素数也不是合数。根据这个定义，可以使用一个循环，在 $2 \sim n-1$ 范围内检查是否有 n 的因子，如果有，则 n 不是素数，否则 n 为素数。

源代码：

```
01 #include <stdio.h>
02 int main()
03 {
04      int i, n;
05      scanf("%d", &n);
06      for(i = 2; i < n; i++)
07      {
08          if(n % i == 0)
09          {
10              break;
11          }
12      }
13      if(i == n)  /*如果在 2～n-1 范围内找不到 n 的因子，则 n 为素数，for 循环正常结束，此时 i 和 n 相等*/
14      {
15          printf("%d 是素数\n", n);
16      }
17      else
18      {
19          printf("%d 不是素数\n", n);
```

```
20          }
21      return 0;
22 }
```

运行结果：

43✓

43 是素数

243✓

243 不是素数

　　素数判断是一个常用的程序段，值得进一步探讨。在上述代码中，我们从 2～*n*-1 范围内寻找素数，如果 *n* 为素数，则代码中的循环需要执行 *n*-2 次才能得出结论，这会导致程序的运行效率不高。实际上，我们只需要从 2～$\sqrt{n}$ 范围内寻找素数，这样就可以极大提高程序的运行效率。

源代码：

```
01 #include <stdio.h>
02 int main()
03 {
04      int i, n;
05      scanf("%d", &n);
06      for(i = 2; i * i <= n; i++)
07      {
08          if(n % i == 0)
09          {
10              break;
11          }
12      }
13      if(i * i > n && n != 1)
14      {
15          printf("%d 是素数\n", n);
16      }
17      else
18      {
19          printf("%d 不是素数\n", n);
20      }
21      return 0;
22 }
```

　　【例 5-12】找出所有的水仙花数。水仙花数是一个 3 位数，其各个位数上的数字立方和等于该数本身。

　　例题分析：3 位数的范围是 100～999，可以使用一个循环检查该范围内的每个数是否符合水仙花数的定义。取出每个 3 位数的各位数字，比较它们的立方和与该数是否相等。

源代码：

```
01 #include <stdio.h>
02 int main()
```

```
03 {
04      int i, a, b, c;
05      for(i = 100; i < 1000; i++)
06      {
07          a = i % 10;              /*i 的个位数*/
08          b = i / 10 % 10;         /*i 的十位数*/
09          c = i / 100;             /*i 的百位数*/
10          if(a * a * a + b * b * b + c * c * c == i)
11          {
12              printf("%d\n", i);
13          }
14      }
15      return 0;
16 }
```

运行结果:

```
153
370
371
407
```

上述代码使用了一重循环，也可以使用多重循环。

源代码:

```
01 #include <stdio.h>
02 int main()
03 {
04      int a, b, c;
05      for(a = 1; a < 10; a++)           /*百位数*/
06      {
07          for(b = 0; b < 10; b++)       /*十位数*/
08          {
09              for(c = 0; c < 10; c++)   /*个位数*/
10              {
11                  if(100 * a + 10 * b + c == a * a * a + b * b * b + c * c * c)
12                  {
13                      printf("%d\n", 100 * a + 10 * b + c);
14                  }
15              }
16          }
17      }
18      return 0;
19 }
```

【例 5-13】找出 1000 以内的所有完全数，并按如下格式打印：6=1+2+3。完全数是指一个数如果等于它除自身外的所有因子之和。

例题分析：先用一个循环检查从 1 到 999 范围内的每个数是否是完全数，如果是，则使用循环按规定格式打印出式子。注意代码中使用的打印技巧。本例题需要用到两重循环。

源代码：

```
01 #include <stdio.h>
02 int main()
03 {
04     int i, j, s;
05     for(i = 1; i < 1000; i++)
06     {
07         for(s = 0, j = 1; j < i; j++)
08         {
09             if(i % j == 0)
10             {
11                 s += j;
12             }
13         }
14         if(s == i)
15         {
16             printf("%d=1", i);
17             for(j = 2; j < i; j++)
18             {
19                 if(i % j == 0)
20                 {
21                     printf("+%d", j);
22                 }
23             }
24             printf("\n");
25         }
26     }
27     return 0;
28 }
```

运行结果：

```
6=1+2+3
28=1+2+4+7+14
496=1+2+4+8+16+31+62+124+248
```

5.8.3 输出图形

解决这类问题的关键在于找出每行输出的字符及其字符个数与行数之间的关系。一般都要使用多重循环。

【例 5-14】输入正整数 *n*，输出一个菱形。例如，当 *n*=6 时，输出的菱形效果如图 5-7 所示。

图 5-7　输出的菱形效果

例题分析：该图形是一个较为复杂的菱形。为方便起见，我们可以把菱形分割为上/下两个三角形。上三角形 n 行，下三角形 $n-1$ 行。上三角形第 i 行需要输出 $n-i$ 个空格和 $2\times i-1$ 个 "*"，下三角形第 i 行需要输出 i 个空格和 $2\times(n-i)-1$ 个 "*"。使用两个循环分别输出上三角形和下三角形。

源代码：

```
01 #include <stdio.h>
02 int main()
03 {
04      int i, j, n;
05      scanf("%d", &n);
06      for(i = 1; i <= n; i++)                     /*输出上三角形*/
07      {
08          for(j = 1; j <= n - i; j++)             /*输出n-i个空格*/
09          {
10              printf(" ");
11          }
12          for(j = 1; j <= 2 * i - 1; j++)         /*输出2*i-1个"*"*/
13          {
14              printf("*");
15          }
16          printf("\n");
17      }
18      for(i = 1; i <= n - 1; i++)                 /*输出下三角形*/
19      {
20          for(j = 1; j <= i; j++)                 /*输出i个空格*/
21          {
22              printf(" ");
23          }
24          for(j = 1; j <= 2 * (n - i) - 1; j++)   /*输出2*(n-i)-1个"*"*/
25          {
26              printf("*");
```

```
27              }
28          printf("\n");
29      }
30      return 0;
31 }
```

运行结果：

```
8↙
        *
       ***
      *****
     *******
    *********
   ***********
  *************
 ***************
  *************
   ***********
    *********
     *******
      *****
       ***
        *
```

5.8.4　找组合

这类问题的求解可以先通过列出方程组，再通过缩小变量的取值范围提高程序运行效率。

【例 5-15】百钱百鸡问题：有 100 钱，去买 100 只鸡。已知公鸡 3 钱一只，母鸡 2 钱一只，小鸡 1 钱两只。请问公鸡、母鸡和小鸡各能买几只？需要注意的是，公鸡、母鸡和小鸡都可以为 0，列出所有的买鸡组合。

例题分析：假设公鸡 x 只，母鸡 y 只，小鸡 z 只。依题意可列出以下方程组。

$$\begin{cases} x + y + z = 100 & （1） \\ 3x + 2y + \dfrac{z}{2} = 100 & （2） \end{cases}$$

从方程（2）可以看出，x 的取值范围可以缩小到[0,33]，y 的取值范围可以缩小到[0,50]，z 的取值范围为[0,100]，但必须是偶数，因为 $z/2$ 必须为整数。

源代码：

```
01 #include <stdio.h>
02 int main()
03 {
04      int x, y, z;
```

```
05        for(x = 0; x <= 33; x++)
06        {
07                for(y = 0; y <= 50; y++)
08                {
09                        z = 100 - x - y;
10                        if(z % 2 == 0 && 3 * x + 2 * y + z / 2 == 100)
11                        {
12                                printf("公鸡%d 只，母鸡%d 只，小鸡%d 只\n", x, y, z);
13                        }
14                }
15        }
16        return 0;
17 }
```

运行结果：

```
公鸡 2 只，母鸡 30 只，小鸡 68 只
公鸡 5 只，母鸡 25 只，小鸡 70 只
公鸡 8 只，母鸡 20 只，小鸡 72 只
公鸡 11 只，母鸡 15 只，小鸡 74 只
公鸡 14 只，母鸡 10 只，小鸡 76 只
公鸡 17 只，母鸡 5 只，小鸡 78 只
公鸡 20 只，母鸡 0 只，小鸡 80 只
```

5.8.5 字符串处理

有一类字符串问题只要求统计符合某些性质的字符个数，在统计过程中不需要使用之前输入的字符。这类字符串问题可以使用循环来解决。

【例 5-16】输入一行字符串，统计并输出其中的英文字符、数字字符、空格和其他字符的个数。

例题分析：先使用循环依次读入字符串中的字符，再设置 4 个整型变量用于统计英文字符、数字字符、空格和其他字符的个数。

源代码：

```
01 #include <stdio.h>
02 #include <ctype.h>
03 int main()
04 {
05        char ch;
06        int alpha = 0, digit = 0, space = 0, other = 0;
07        while(scanf("%c",&ch) && ch != '\n')
08        {
09            if(isalpha(ch))
10            {
11                alpha++;
```

```
12              }
13              else if(isdigit(ch))
14              {
15                  digit++;
16              }
17              else if(ch == ' ')
18              {
19                  space++;
20              }
21              else
22              {
23                  other++;
24              }
25          }
26      printf("英文字符%d 个，数字字符%d 个，空格%d 个，其他字符%d 个。\n", alpha,
        digit, space, other);
27      return 0;
28 }
```

运行结果：

lsjpu89sldjf'lsjdLKj-=-o9u349038;;2937asodhf↙
英文字符 25 个，数字字符 13 个，空格 0 个，其他字符 6 个。

5.9 本章小结

本章首先介绍了自增/自减运算符和逗号运算符。自增/自减运算符为单目运算符，优先级较高，且有副作用。逗号运算符优先级最低。

其次介绍了循环语句、循环跳转语句、嵌套循环。

循环语句有 3 种：while 语句、do...while 语句和 for 语句。其中 while 语句最简单、最基本，但 for 语句比较受欢迎。while 语句和 do...while 语句的区别在于，do...while 语句先执行一次循环体再判断循环条件，而 while 语句则是先判断循环条件再执行循环体。

循环跳转语句有 break、continue，这两种跳转语句是受限制的。break 语句是结束整个循环，跳到所在循环外的第一条语句继续执行。continue 语句是提前结束本次循环，但还在循环体中，马上准备开始下一次循环。goto 语句可以跳转到同一个函数内部指定的任何语句上。尽量少使用 goto 语句，因为它会破坏程序的结构化。

循环可以嵌套。分析好每个循环的循环体，每个循环都按照既定轨迹在运转。当进行嵌套循环时，要从最内层循环直接跳到最外层循环，此时可以考虑使用 goto 语句。

最后对循环问题按数列求和、找数、输出图形、找组合和字符串处理 5 个类型分别列举了一些案例进行探讨。

习题 5

1. 找出并修改以下代码段中的错误。

```
int i = 0;
while(i < 10);
{
    printf("i=%d\n", i);
    ++i;
}
```

2. 使用 for 语句重写下面的 while 语句。

```
int i = 0, total = 0, value;
while(i < 10)
{
    scanf("%d", &value);
    total += value;
    ++i;
}
```

3. 如果从键盘上输入-3，则以下程序的运行结果是_____。

```
#include <stdio.h>
int main()
{
    int n, a = 1 ,sum = 0;
    scanf("%d", &n);
    do
    {
        sum += 1;
        a -= 2;
    }while(a != n);
    printf("%d\n", sum);
    return 0;
}
```

4. 如果从键盘上输入 7、31，则以下程序的运行结果是_____。

```
#include <stdio.h>
int main()
{
    int a, b, i, c1, c2, total = 0;
    scanf("%d%d", &a, &b);
    for(i = a; i <= b; i++)
    {
        c1 = i / 10;
```

```
        c2 = i % 10;
        if((c1 + c2) % 3 == 0)
            total++;
    }
    printf("%d\n", total);
    return 0;
}
```

5. 假设有程序段 "int k = 10; while(k == 0) k = k - 1;"，以下描述正确的是（　　）。

    A．while 循环执行 10 次　　　　　　B．while 语句块是无限循环

    C．循环语句一次也不执行　　　　　　D．循环体语句执行一次

6. 运行以下程序，语句 m = i + j 执行了_____次，m 的最终值为_____。

```
#include <stdio.h>
int main()
{
    int i, j, m, k = 0;
    for(i = 1; i <= 5; i++)
        for(j = 5; j >= -5; j = j - 2)
            m = i + j, k = k + 1;
    printf("%d,%d", k, m);
    return 0;
}
```

7. 以下程序的功能是：按顺序输入 10 个学生 4 门课程的成绩，计算出每个学生的平均分并输出。

```
#include <stdio.h>
int main()
{
    int n, k;
    float score, sum, ave;
    sum = 0;
    for(n = 1; n <= 10; n++)
    {
        for(k = 1; k <= 4; k++)
        {
            scanf("%f", &score);
            sum += score;
        }
        ave = sum / 4.0;
        printf("NO%d:%f\n", n, ave);
    }
    return 0;
}
```

以上程序运行后结果不正确，调试中发现有一条语句出现在程序中的位置不正确。这条语句是_____。

8. 以下程序的运行结果是_____。

```c
#include <stdio.h>
int main()
{
    int x = 15;
    while(x > 10 && x < 50)
    {
        x++;
        if(x / 3)
        {
            x++;
            break;
        }
        else
            continue;
    }
    printf("%d", x);
    return 0;
}
```

9. 下面程序的功能是：输入 100 以内能被 3 整除且个位数为 6 的所有整数。请填空。

```c
#include <stdio.h>
int main()
{
    int i, j;
    for(i = 0; _____; i++)
    {
        j = i * 10 + 6;
        if(_____)
            continue;
        printf("%4d", j);
    }
    printf("\n");
    return 0;
}
```

10. 运行以下程序，如果从键盘上输入 1298，则输出结果为_____。

```c
#include <stdio.h>
int main()
{
    int n1, n2;
```

```
    scanf("%d", &n2);
    while(n2)
    {
        n1 = n2 % 10;
        n2 = n2 / 10;
        printf("%d", n1);
    }
    return 0;
}
```

11. 从键盘上输入若干学生的成绩，统计并输出最高成绩和最低成绩，当输入负数时结束输入。请填空。

```
#include <stdio.h>
int main()
{
    float x, max, min;
    scanf("%f", &x);
    max = min = x;
    while(_____)
    {
        if(_____) max = x;
        if(_____) min = x;
        scanf("%f", &x);
    }
    printf("\nmax=%f\nmin=%f\n", max, min);
    return 0;
}
```

12. 以下程序的运行结果是_____。

```
#include <stdio.h>
int main()
{
    int i, m = 0, n = 0, k = 0;
    for(i = 9; i <= 11; i++)
    {
        switch(i / 10)
        {
            case 0: m++; n++; break;
            case 10: n++; break;
            default: k++; n++;
        }
    }
    printf("%d %d %d\n", m, n, k);
```

```
        return 0;
    }
```

13. 有以下程序，其运行结果正确的是（　　　）。

```
#include <stdio.h>
int main()
{
    int k = 0, m = 0, i, j;
    for(i = 0; i < 2; i++)
    {
        for(j = 0; j < 3; j++) k++; k=k-j;
    }
    m = i + j;
    printf("k=%d,m=%d", k, m);
    return 0;
}
```

A．k=0,m=3　　　　B．k=0,m=5　　　　C．k=1,m=3　　　　D．k=1,m=5

14. 有以下程序，其运行结果正确的是（　　　）。

```
#include <stdio.h>
int main()
{
    int i = 0, a = 0;
    while(i < 20)
    {
        for(;;)
        {
            if(i % 10 == 0) break;
            else i--;
        }
        i += 11;
        a += i;
    }
    printf("%d", a);
    return 0;
}
```

A．21　　　　　　B．32　　　　　　C．33　　　　　　D．11

15. 有以下程序，其运行结果正确的是（　　　）。

```
#include <stdio.h>
int main()
{
    int x = 3;
    do
```

```
    {
        printf("%3d", x -= 2);
    }while(!(--x));
    return 0;
}
```

A. 1　　　　　B. 3　0　　　　C. 1 −2　　　　D. 死循环

16. 运行以下程序后，y 的值为（　　）。

```
int main()
{
    int x, y;
    for(y = x = 1; y <= 50; y++)
    {
        if(x >= 10) break;
        if(x % 2 == 1)
        {
            x += 5;
            continue;
        }
        x -= 3;
    }
    printf("y=%d\n", y);
    return 0;
}
```

A. 2　　　　　B. 6　　　　　C. 4　　　　　D. 8

17. 有以下程序，其运行结果正确的是（　　）。

```
#include <stdio.h>
int main()
{
    int x, i;
    for(i = 1; i <= 100; i++)
    {
        x = i;
        if(++x % 2 == 0)
            if(++x % 3== 0)
                if(++x % 7 == 0)
                    printf("%d ", x);
    }
    printf("\n");
    return 0;
}
```

A. 39 81　　　　B. 42 84　　　　C. 26 68　　　　D. 28 70

18. 编写程序，假设有十进制数字 a、b、c、d、e，求满足公式 $abc×e=dcba$（a 非 0，e 非 0 非 1）的最大的 $abcd$。

19. 编写程序，输出高和上底均为 5 的等腰空心梯形，如图 5-8 所示。

```
    *****
   *     *
  *       *
 *         *
*************
```

图 5-8 等腰空心梯形

20. 编写程序，一根长度为 133m 的材料，需要截成长度为 19m 和 23m 的材料，求长度为 19m 和 23m 的材料各截多少根时，剩余的材料最少？

21. 某次大奖赛，有 7 个评委对参赛者打分。编写程序，输入 7 个评委对一名参赛者打出的分数，去掉一个最高分和一个最低分，输出参赛者的平均得分。

22. 编写程序，从键盘上输入一行字符，如果为小写字母，将其转换为大写字母；如果为大写字母，将其转换为小写字母；否则转换为 ASCII 码表中的下一个字符。

23. 编写程序，一个盒子中放置了 12 个球，其中 3 个红色、3 个白色、6 个黑色，从中任取 8 个球，求共有多少种不同颜色的球进行搭配。

24. 编写程序，输出不超过 1000 的回文数（回文数是指该数倒序和正序一样）。

25. 编写程序，输出 2000000 以内的自守数（自守数是指一个数的平方的尾数等于该数自身的自然数，如 $76^2=5776$）。

26. 编写程序，输入自然数 n，将 n 分解为质因子连乘的形式输出，如输入 756，则程序显示为 756=2*2*3 *3*3*7。

27. 编写程序，如果某国家当前的人口为 12.3 亿人，假设每年的人口增长率分别为 2%、1.5%、1% 和 0.5%，则该国家人口达到 13 亿人，要经过多少年？

28. 有一数字灯谜如下：

$$A\,B\,C\,D$$
$$-\quad C\,D\,C$$
$$\overline{\quad A\,B\,C\quad}$$

编写程序，A、B、C、D 均为一位非负整数，找出 A、B、C、D 的各值。

29. 编写程序，假设 N 是一个 4 位数，它的 9 倍正好是其反序数，求 N（反序数是指将整数的数字倒过来形成的整数）。

30. 输入多组字符串，每个字符串占一行，当遇到 0 时结束输入。字符串只有 3 个字符，首字符是 A、S、M 或 D，表示加、减、乘、除，后两个字符是数字字符，表示操作数，每组字符串表示对"各个位数"进行加、减、乘、除运算，如 A12，表示 1+2。编写程序，解析每个字符串，每行按以下格式输出，如当输入 A12 时，输出 1+2=3。

31. 小明刚做完"100 以内数的加减法"作业，请你帮他检查一下。每道题目（包括小明的答案）的格式为 $a+b=c$ 或 $a-b=c$，其中 a 和 b 是已知的数值，均为不超过 100 的非负整数，c 是小明计算出的答案，可能是不超过 200 的非负整数，也可能是单个字符'?'

（表示他不会做）。编写程序，输入若干道题，每道题占一行，请统计小明答对题目的数量。

32. 俄罗斯套娃素数是指不断去掉最后一位数字，剩下的数据始终是素数。例如，2393 就是一个俄罗斯套娃素数，因为 2393、239、23、2 都是素数。俄罗斯套娃素数的个数是有限的，满足要求的数据只有 83 个，其中最大的数是 73939133。编写程序，输入一个正整数 n，判断该正整数是否为俄罗斯套娃素数。

33. 有一个二次多项式，保证它是 x^2+ax+b 的形式。把这个多项式进行因式分解，并输出 $(x+c)(x+d)$ 或 $(x+c)^2$ 的形式（这里 $c>d$）。注意 a、b、c、d 都是整数。对于表达式 $x+c$，需要保证 $c≥0$，对于表达式 $x-c$，需要保证 $c>0$。请编程实现。

第6章 函数

本 章 要 点

- 函数的定义和调用。
- 结构化程序设计。
- 局部变量、全局变量和静态变量。
- 预处理命令。
- 递归函数。

在程序设计过程中，一个较大的程序按功能总可以分成若干个模块，每个模块又可以由更小的模块构成，这样逐层细化至每个小模块就能完成一个特定的功能。在 C 语言中，模块是由函数来实现的。函数是完成特定功能的一段程序，也是 C 程序的基本单位。C 语言中的函数主要分为两大类：标准库函数和自定义函数。本章重点介绍自定义函数。

使用函数的优点主要有以下两点。

（1）代码可重用性好。当代码量增大到一定规模时，很可能需要重复使用同一功能，此时可以把这些重复使用的功能写成一个函数，当使用它时调用即可。

（2）代码可读性好。每个函数的功能是独立的，都是实现一种预定的功能，这样程序逻辑清晰，方便阅读。

6.1 函数的定义

函数有 3 个要素：输入、输出和处理。函数定义时要抓住这 3 个要素。函数定义的语法格式如下：

```
函数类型 函数名（形式参数表）    /*函数头*/
{
    函数实现过程                 /*函数体*/
}
```

下面分别对函数头和函数体进行介绍。

1. 函数头

函数头由函数类型、函数名和形式参数表（以下简称"形参表"）组成，位于函数定义的第一行。

函数的输入在形参表中得以体现，有几个输入数据，每个输入数据的类型都在形参表中详细定义，并用逗号隔开。需要注意的是，如果有多个参数，则不能写成多个变量定义的形式，如"double r, h;"，应写成"double r, double h;"。

函数输出数据的类型也就是函数类型，输出数据在函数体中获得，并由 return 语句返回输出数据。有时输出数据也可以保存在传入形参的内存地址中。C 语言规定，如果没有定义函数类型，则默认为 int 类型。

函数的处理（功能）应从函数名中获取信息，并在函数体中具体实现，所以函数的取名必须做到"见名知义"。

2．函数体

函数体是函数的实现过程，由一对花括号内的若干条语句组成，用于完成特定的任务，如果有返回数据，则使用 return 语句返回运算的结果。函数结果返回的语法格式如下：

```
return 表达式;
```

先求解表达式的值，再返回其值。在一般情况下，表达式的类型应与函数的类型一致，如果不一致，则进行类型转换，把表达式的值转换为与函数类型一致后再返回。如果没有定义返回值类型，则 C89 中默认是 int 类型，C99 中认为是不合法的。

return 语句有两个作用：一个是结束函数的运行，另一个是带着运算结果返回上级主调函数。return 语句一次只能返回一个值。如果想要返回多个值，则需要使用全局变量或数组指针。

【例 6-1】编写函数，求 3 个整数的最大值。

例题分析：定义一个函数，输入 3 个整数，找出最大值并将其输出，可以将函数命名为 maximum。这里使用擂台法计算最大值。

源代码：

```
01 int maximum(int a, int b, int c)
02 {
03     int maxi = a;
04     if(maxi < b)
05     {
06         maxi = b;
07     }
08     if(maxi < c)
09     {
10         maxi = c;
11     }
12     return maxi;
13 }
```

【例 6-2】编写判断素数的函数 isPrime()。

例题分析：输入一个正整数，并利用 isPrime()函数判断该数是否为素数，如果输入的数为素数，则输出整数 1，否则输出整数 0。

源代码：

```
01 int isPrime(int n)
02 {
03     int i;
04     for(i = 2; i * i <= n; i++)
05     {
06         if(n % i == 0)
07         {
08             break;
09         }
10     }
11     return i * i > n && n != 1;
12 }
```

【例 6-3】编写最大公约数函数 gcd()和最小公倍数函数 lcs()。

例题分析：输入两个正整数，分别利用 gcd()函数和 lcs()函数判断输入的正整数的最大公约数和最小公倍数。

最大公约数函数的源代码：

```
01 int gcd(int m, int n)
02 {
03     int i, t;
04     if(m < n)
05     {
06         t = m, m = n, n = t;
07     }
08     for(i = n;  i >= 1; i--)
09     {
10         if(m % i == 0 && n % i == 0)
11         {
12             break;
13         }
14     }
15     return i;
16 }
```

最小公倍数函数的源代码：

```
01 int lcs(int m, int n)
02 {
03     int i, t;
04     if(m < n)
05     {
06         t = m, m = n, n = t;
07     }
08     for(i = m; ; i += m)
09     {
```

```
10          if(i % n == 0)
11          {
12              break;
13          }
14      }
15      return i;
16  }
```

【例 6-4】定义一个求三角形面积的函数 area()，参数为三角形三个边的边长，如果不能组成三角形，则返回 0。

例题分析：输入三角形三个边的边长，利用 area()函数计算该三角形的面积，并输出。返回值和参数类型均设置为 double 类型比较合理。组成三角形的条件是三个边的边长为正数且任意两个边的边长之和大于第三个边的边长。

源代码：

```
01  double area(double a, double b, double c)
02  {
03      double s = 0, p = (a + b + c) / 2;
04      if(a > 0 && b > 0 && c > 0 && a + b > c && b + c > a && c + a > b)
05      {
06          s = sqrt(p * (p - a) * (p - b) * (p - c));
07      }
08      return s;
09  }
```

6.2　函数的调用

定义函数的目的是使用函数。C 语言通过在程序中调用函数来达到这个目的。调用库函数需要在程序最前面用#include 头文件包含命令包含相应的头文件，当调用自定义函数时，必须先定义该函数。

1.　调用过程

任何 C 语言程序执行都是先从主函数 main()开始的，在执行过程中遇到调用某个函数，主函数被暂停执行，保存函数调用现场，主要是局部变量的值，通过参数传递传入相应的输入数据，转而执行相应的函数，该函数执行完后将返回主函数，如果有返回数据将一同返回，恢复函数调用现场数据，从原先暂停的位置继续执行。图 6-1 所示为函数的调用过程。

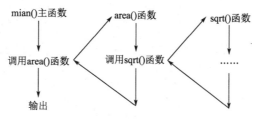

图 6-1　函数的调用过程

发生函数调用的函数又被称为"主调函数"，被调用的函数又被称为"被调函数"。一个函数既可以是主调函数，又可以是被调函数。

2．调用形式

函数调用的语法格式如下：

函数名(实际参数表)

实际参数（实参）可以是常量、变量和表达式。函数调用的方式有以下 3 种。

（1）函数作为表达式中的一项。例如：

```
z = max(x, y) + 10;
```

（2）函数作为一个单独的语句。例如：

```
printf("%d", a);
```

（3）函数作为实参。例如：

```
printf("%d", max(x, y));    //函数调用 max(x, y)作为 printf()函数的实参
```

3．参数传递

函数定义时，位于函数头的参数称为"形参"。函数调用时，在调用语句中的参数称为"实参"。参数传递是单向的，把实参的值赋给形参。形参和实参一一对应，两者数量相同，类型尽量一致，顺序一致。当两者类型不一致时，将发生类型转换。如果在调用函数前已经进行了函数的声明或完整定义，则实参的类型将隐式转化为与形参一致的类型，否则执行默认的实参转换，会把 float 类型的实参转换为 double 类型，把 char 类型和 shot 类型的实参转换为 int 类型。

函数的形参必须是变量，用于接收实参传递过来的值。实参可以是常量、变量和表达式。如果实参是变量，则它与所对应的形参是两个不同的变量。两者可以同名，但属于不同的函数，形参接收了实参传来的值。函数的参数传递有以下两种类型。

（1）值传递。如果形参的类型是基本数据类型或结构类型，则在函数调用时进行的是值传递，实参把它的值复制一份赋给形参。在其后的运行过程中，形参值的改变并不会影响外面实参的值，它们互不干扰。

（2）地址传递。如果形参的类型是数组名或指针，则在函数调用时进行的是地址传递。此时形参与外面实参可能会互相影响。

【例 6-5】分析以下程序运行后的输出结果。

源代码：

```
01 #include <stdio.h>
02 void fun(int x, int y, int z)
03 {
04     z = x * x + y * y;
05 }
06
07 int main()
08 {
09     int a = 31;
10     fun(5, 2, a);
```

```
11      printf("%d", a);
12      return 0;
13 }
```

例题分析：fun()函数的参数都是整型，实参 5、2 和 a 把它们的值传递给形参 x、y、z。在 fun()函数中，无论对 x、y、z 做了什么改变，都不会影响外面实参 a 的值。因此输出结果为 31。

4．函数声明

C 语言要求函数先定义后调用。如果自定义函数放在主调函数的后面，就需要在函数调用前，添加函数的原型声明（以下简称为"函数声明"）。如果自定义函数放在主调函数的前面，则不需要添加函数声明。有时，当代码中函数调用顺序关系比较复杂时，建议在程序中使用函数声明。

函数声明的目的是说明函数的类型和参数情况，以保证编译时能判断该函数的调用是否正确。函数声明的语法格式如下：

函数类型 函数名(形参表);

函数声明与函数定义中的第一行（函数头）相同，此时形参可以只写类型不写名字。与变量声明一样，它也以分号结尾。

【例 6-6】调用例 6-4 定义的 area()函数，输入三角形三个边的边长，计算该三角形的面积并保留 2 位小数输出。

源代码：

```
01 #include <stdio.h>
02 #include <math.h>
03
04 int main()
05 {
06      double a, b, c;
07      double area(double a, double b, double c);   /*当进行函数声明时，形参可以
                                                         只写类型不写名字*/
08      scanf("%lf%lf%lf", &a, &b, &c);
09      printf("三角形面积为%.2lf\n", area(a, b, c)); /*发生函数调用*/
10      return 0;
11 }
12
13 double area(double a, double b, double c)          /*形参名可以和 main()主函
                                                         数中的变量名一样*/
14 {
15      double s = 0, p = (a + b + c) / 2;
16      if(a > 0 && b > 0 && c > 0 && a + b > c && b + c > a && c + a > b)
17      {
18          s = sqrt(p * (p - a) * (p - b) * (p - c));
19      }
```

```
20      return s;
21 }
```

运行结果：

```
3 4 5✓
三角形面积为 6.00
1.1 2.2 3.3✓
三角形面积为 0.00
```

在本例题中，函数声明与变量声明一样，都被放在 main() 主函数中。这样的函数声明是局部的，该声明只在 main() 主函数内有效。

6.3　结构化程序设计

结构化程序设计思想由著名计算机科学家 E.W.Dijkstra 于 1969 年提出。它强调程序设计风格和程序结构规范化，其基本思路是将一个复杂问题的求解过程划分为若干阶段，每个阶段要处理的问题都容易被理解和处理。它包含自顶向下分析的问题方法、模块化设计和结构化编码 3 个步骤，比较适合规模较大的程序设计。下面结合例题对这 3 个步骤分别进行介绍。

【例 6-7】编写一个学生成绩统计程序，输入一批学生的 5 门课程的成绩，要求输出每个学生成绩的平均分和每门课程的平均分，找出平均分最高的学生。

1．自顶向下分析问题的方法

自顶向下分析问题的方法是指把大的、复杂的问题分解为小问题后再解决。面对一个复杂问题，首先进行整体分析，按组织或功能将问题分解为子问题，如果子问题仍然十分复杂，则再做进一步分解，直到处理对象相对简单、容易解决为止。当所有子问题都得到了解决，整个问题也就解决了。在这个过程中，每一次分解都是对上一层问题进行细化和逐步求精，最终形成一种类似树形的层次结构来描述分析的结果。

针对例 6-7，我们可以把学生成绩统计问题按照自顶向下分析问题的方法细分为输入成绩、计算数据、查找数据和输出成绩 4 个子问题。其中计算数据子问题又可以细分为计算学生成绩平均分和计算课程平均分两个子问题。问题分析的层次结构如图 6-2 所示。

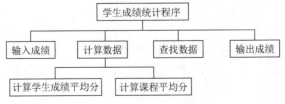

图 6-2　问题分析的层次结构

2．模块化设计

经过问题分析，设计好层次结构图后，就进入模块化设计阶段。在这个阶段，需要将模块组织成良好的层次系统，顶层模块调用其下层模块，每个下层模块再调用更下层的模块，最下层的模块完成最具体的功能。

模块化设计要遵循模块独立性原则，即模块之间的联系应尽量简单，主要表现在以下 4 个方面。

（1）一个模块只完成一个指定功能。

（2）模块之间只能通过参数进行调用。

（3）一个模块只有一个入口和一个出口。

（4）模块内慎用全局变量。

在 C 语言中，模块一般通过函数来实现，一个模块对应一个函数。在设计一个具体模块时，模块内包含的语句一般不超过 50 行。

以例 6-7 进行举例说明，按照模块化设计方法，我们把层次结构图中的每个问题和子问题都设计成一个函数。上层的函数调用下层的函数。函数调用层级关系如图 6-3 所示。

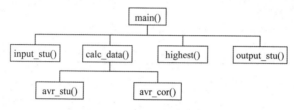

图 6-3　函数调用层级关系

3．结构化编码

结构化编码的主要原则如下。

（1）编程时应选用顺序、选择和循环 3 种程序控制结构，复杂问题可以通过这 3 种程序控制结构的组合嵌套来实现。

（2）对变量、函数、常量等命名要"见名知义"，有助于人们理解变量的含义或函数的功能。

（3）在程序中添加必要的注释，可增加程序的可读性。序言性注释一般放在模块的最前面，给出模块的整体说明，包括标题、模块功能说明、模块目的等；状态性注释一般紧跟在引起状态变化语句的后面，予以必要说明。

（4）有良好的程序视觉组织，利用缩进格式，一行一条语句。

（5）程序要清晰易懂，语句构造要简单直接。在不会影响功能和性能的前提下，做到结构清晰第一、编码效率第二。

我们把例 6-7 中的模块化设计函数层级关系图用简单的代码框架来实现。

源代码：

```
01 #include <stdio.h>
02 void input_stu();
03 void calc_data();
04 void highest();
05 void output_stu();
06 void avr_stu();
07 void avr_cor();
08 int main()
```

```
09 {
10     input_stu();
11     calc_data();
12     highest();
13     output_stu();
14     return 0;
15 }
16 void input_stu(){}
17 void calc_data()
18 {
19     avr_stu();
20     avr_cor();
21 }
22 void highest(){}
23 void output_stu(){}
24 void avr_stu(){}
25 void avr_cor(){}
```

为了方便赘述，我们把上述代码框架中的每个函数类型都定义为 void，形参表都定义为空，这并不会影响代码框架的逻辑。先搭好框架，再逐步实现每个具体函数的编码，包括每个函数的函数头的定义和函数体的实现。

6.4 变量的作用域

变量的作用域是指在程序中能引用该变量的范围。针对变量不同的作用域，可把变量分为局部变量和全局变量。

6.4.1 局部变量

目前，程序中使用的变量都被定义在函数内部，主调函数通过参数传递把实参数据传递给被调函数使用。形参的值的改变也不会影响实参变量。C 语言把这种定义在函数内部的变量称为"局部变量"，形参也是局部变量。此外，在复合语句中也可以定义局部变量。在一般情况下，局部变量定义在函数或复合语句的开始处。C89 规定局部变量不能定义在中间位置，从 C99 开始，局部变量只需要在使用前定义即可。使用局部变量可以避免各个函数之间的变量互相干扰。

变量的作用域由变量声明的位置确定。在变量的作用域范围内可以使用这个变量完成与之相关的事情。函数内定义的局部变量和形参的作用域局限在函数内部。在复合语句中定义的局部变量其作用域局限于复合语句内。

6.4.2 全局变量

考虑到不同函数之间的数据交流，以及各函数的某些统一设置，有时多个函数需要共享变量，此时需要使用全局变量。C 语言允许定义全局变量。定义在函数外面、不属于任何函数的变量称为"全局变量"。在一般情况下，把全局变量定义在程序最前面。全局变量的作用范围是从定义它的地方开始到所在文件结束。

当全局变量和局部变量同名时，在定义该同名局部变量的函数内只有局部变量起作用。当函数局部变量和复合语句局部变量重名时，在定义该同名局部变量的复合语句内只有复合语句局部变量起作用。

如果全局变量没有被初始化，则默认值为 0。

由于使用全局变量会破坏函数之间的独立性，因此慎用全局变量。

【例 6-8】运行以下程序并分析运行结果。

源代码：

```
01 #include <stdio.h>
02 void t1();
03 void t2();
04 int main()
05 {
06     t1();
07     t2();
08     return 0;
09 }
10 int y;              /*全局变量*/
11 void t1()
12 {
13     int x = 1;     /*局部变量*/
14     printf("x=%d\n", x);
15     printf("y=%d\n", y);
16     ++x;
17     ++y;
18 }
19 void t2()
20 {
21     int x = 1;     /*局部变量*/
22     printf("x=%d\n", x);
23     printf("y=%d\n", y);
24 }
```

运行结果：

```
x=1
y=0
x=1
y=2
```

例题分析：第 10 行声明了全局变量 y，默认将被初始化为 0。在 t1()函数和 t2()函数中分别声明了局部变量 x，虽然同名，但是它们在不同函数中，因而它们是不同的两个局部变量，互相不受影响。

在 main()主函数中，调用了 t1()和 t2()两个函数。在调用 t1()函数时，第一条输出语句输出的是局部变量 x 的值 1，第二条输出语句输出的是全局变量 y 的值 0，此后局部变量 x 和全局变量 y 的值分别加 1，变成了 2 和 1。在调用 t2()函数时，第一条输出语句输出的是该函数内的局部变量 x 的值 1，这里的 x 和 t1()函数中的局部变量 x 毫无关系。第二条输出语句输出的是全局变量 y 的值 1。

6.5 变量的存储类型和生存周期

6.5.1 存储类型

变量的存储类型是指变量的存储属性，用于说明变量占用存储空间的区域。在内存中，供用户使用的存储区由程序区、静态存储区和动态存储区 3 部分组成。变量的存储类型有 auto 类型、register 类型、static 类型和 extern 类型 4 种。变量的这 4 种存储类型也可以修饰函数声明，从本质上说，变量和函数没有区别。

auto 类型的变量存储在内存的动态存储区中，register 类型的变量存储在寄存器中，static 类型的变量和 extern 类型的变量存储在静态存储区中。

局部变量的存储类型默认为 auto 类型，全局变量的存储类型默认为 extern 类型。auto 类型和 register 类型只用于定义局部变量。全局变量具有文件作用域，但可以通过 extern 类型声明把其作用域拓展到其他文件。

例如，在 example1.c 文件中定义了全局变量 int v，本来变量 v 的作用域局限在 example1.c 文件中。现在 example2.c 文件也要引用变量 v，就可以在 example2.c 文件中声明 extern int v，这样就可以在 example2.c 文件中引用变量 v。

static 类型的变量称为"静态变量"。静态变量又可以分为静态局部变量和静态全局变量。

静态局部变量在定义它的函数或复合语句执行结束后，其内存空间不会被释放，当下次进入该函数或复合语句时，该静态局部变量被重新激活，上次留下的值仍然还在，可供继续使用。静态局部变量具有局部作用域，只在定义它的函数或复合语句内可见。

静态全局变量具有文件作用域，只作用于定义它的文件中，不能作用到其他文件中。即使两个不同的源文件都定义了相同名字的静态全局变量，它们也是不同的变量。

静态变量只能被初始化一次。如果没有初始化，则默认值为 0。

【例 6-9】运行以下程序并分析运行结果。

源代码：

```
01 #include <stdio.h>
02 void t1();
03 int main()
04 {
05     t1();
06     t1();
07     return 0;
08 }
```

```
09 void t1()
10 {
11      static int x = 1;      /*静态变量*/
12      int y = 1;             /*局部变量*/
13      ++x;
14      ++y;
15      printf("x=%d\n", x);
16      printf("y=%d\n", y);
17 }
```

运行结果：

```
x=2
y=2
x=3
y=2
```

例题分析：在 t1()函数中声明了静态变量 x 和局部变量 y，它们都被初始化为 1。在 main()主函数中调用了两次 t1()函数。在第一次调用 t1()函数时，静态变量 x 和局部变量 y 分别加 1，都变成了 2，然后分别输出。在第二次调用 t1()函数时，静态变量 x 的值仍然保留着上次的值 2，局部变量 y 又重新创建被初始化为 1，在它们再次加 1 变成 3 和 2 后输出。

6.5.2 变量的生存周期

从创建变量开始到销毁该变量的这一段时间称为"变量的生存周期"。各种变量都有各自的生存周期。

（1）局部变量：进入函数或复合语句时创建，退出函数或复合语句时销毁。

（2）全局变量：程序开始运行时创建，程序运行结束时销毁。

（3）静态变量：生命周期和全局变量一样。静态全局变量的作用域被限制在定义文件内，无法使用 extern 类型在其他源文件中使用它。静态局部变量的作用域被局限在函数内。

（4）寄存器变量：生存周期与局部变量一样。

关于变量的存储类型、作用域和生存周期等属性描述如表 6-1 所示。

表 6-1 变量属性描述

变 量 类 型	存 储 类 型	存 储 区	作 用 域	生 存 周 期
局部变量	auto 类型（默认）	动态存储区（栈）	块作用域	程序块运行期间存在
	register 类型	寄存器	块作用域	
	static 类型	静态存储区	块作用域	
全局变量	extern 类型（默认）	静态存储区	文件作用域，可扩展到其他文件	程序运行期间存在
	static 类型	静态存储区	文件作用域，不可扩展到其他文件	

6.5.3 程序内存

一个由 C 语言编译的程序占用的内存分为：栈区（stack）、堆区（heap）、全局/静态区

（static）、文字常量区和程序代码区 5 部分。它们的属性描述如表 6-2 所示。

表 6-2　内存的属性描述

内 存 区 域	分 配	释 放	使 用 对 象
栈区（stack）	程序员定义，系统分配	所在函数或复合语句运行结束后，系统自动释放	形参、局部变量
堆区（heap）	程序员调用 malloc()函数分配	程序员调用 free()函数释放	指针变量
全局/静态区（static）	程序员定义，系统分配	程序结束时系统自动释放	全局变量、静态变量
文字常量区	程序员定义，系统分配	程序结束时系统自动释放	字符串常量
程序代码区	程序员编写，系统分配	程序结束时系统自动释放	程序二进制代码

【例 6-10】阅读并分析以下程序。

源代码：

```
01 #include <stdio.h>
02 int a = 0;                     /*全局初始化区*/
03 char *p1;                      /*全局未初始化区*/
04 int main()
05 {
06     int b;                     /*栈区*/
07     char s[] = "abc";          /*栈区*/
08     char *p2;                  /*栈区*/
09     char *p3 = "123456";       /*"123456"在文字常量区, p3 在栈区*/
10     static int c = 0;          /*全局/静态初始化区*/
11     p1 = (char*)malloc(10);
12     p2 = (char*)malloc(20);    /*将 10 字节和 20 字节的区域分配在堆区*/
13     strcpy(p1, "123456");      /*"123456"在文字常量区, 注意编译器可能会将它与 p3
                                     所指向的"123456"优化成一个地方*/
14     return 0;
15 }
```

例题分析：函数内部声明的局部变量，其存储空间都是在栈上分配的，如本例题中第 6～9 行声明的整型变量 b、字符数组 s、字符指针 p2 和 p3。程序中出现的常量，如 abc 和 123456 的存储空间在文字常量区。malloc()函数在堆区分配存储空间。目前，新的编译器通常会把不同地方出现的内容相同的字符串常量优化成同一个地方。例如，strcpy(p1, "123456")中的字符串常量"123456"和 p3 所指的字符串常量"123456"是同一个字符串。

6.6　预处理命令

前文已经使用过两种预处理命令#include 和#define。预处理命令的作用是增强 C 语言的功能。

由于预处理命令不是语句，编译器无法识别，因此预处理命令需要在编译前进行预处理。C 语言专门提供了一个预处理器。预处理器通常与编译器集成在一起。预处理器的输入是一个 C 语言源程序，程序中可能包含预处理命令。预处理器会执行这些命令，并在处理过程中删除这些命令。预处理器的输出是一个新的 C 语言源程序，不再包含预处理命令。预处理器的输出直接作为编译器的输入，编译器检查程序是否有错误，并将程序翻译成目标代码。

预处理命令主要有 3 种类型：宏定义、条件编译和文件包含。预处理命令要遵循如下规则。

（1）都以 "#" 开始，在 "#" 后面是命令名，接着是命令所需要的其他信息。"#" 不需要在行首，但其前面必须是空白字符。

（2）在 "#"、命令名和命令所需要的其他信息之间可以插入任意数量的空白字符。

（3）当命令太长、一行写不下时，可以采用续行的方法，在行的末尾使用 "\"。

（4）命令可以出现在程序的任何地方。通常将#define 命令和#include 命令放置在程序的开始处。

（5）注释可以与命令放置在同一行上。

6.6.1 宏定义

宏定义是用指定标识符（宏名）来代表一个字符串。预处理过程会把源文件中出现的这些标识符替换成所定义的字符串。宏定义可以出现在程序的任何位置，其作用域从宏定义出现的位置到程序末尾。一般把宏定义放在程序开始处。在 C 语言中，宏定义分为不带参数的宏定义和带参数的宏定义两种类型。

1．不带参数的宏定义

不带参数的宏定义的语法格式如下：

```
#define 宏名 字符串
```

例如：

```
#define PI 3.14159
```

当程序编译时，先将宏名用被定义的字符串替换，这称为 "宏展开"。替换后才能进行编译。宏名通常采用大写字母，宏名之间不能有空格，而宏定义字符串中间可以有空格，以回车符结束。

C 语言允许宏嵌套定义，在一个宏定义中可以使用前面定义过的宏。

2．带参数的宏定义

C 语言允许宏带有参数，除了进行简单的字符串替换，还要进行参数替换，其语法格式如下：

```
#define 宏名（参数表） 字符串
```

其中，字符串中包含参数表中所指定的参数。在编译预处理时，将带实参的宏名用指定的字符串进行替换，并用实参替换形参，称为 "宏调用"。

例如：

```
#define S(a,b) a*b
```

宏调用 "y=S(1,2);" 被替换为 "y=1*2;"，但宏调用 "y=S(1,2+3);" 却被替换为 "y=1*2+3;"，这可能不是程序员的本意。为了避免这个问题，需要在宏定义中给参数添加括号，例如：

```
#define S(a,b) ((a)*(b))
```

经过上述修改后，再发生宏替换时就不会出现问题了。

带参数的宏的使用形式和特性与函数很相似，但在本质上它们是不同的，区别有以下几点。

（1）宏调用只是进行简单替换；而函数调用需先求出实参表达式的值，再将值传递给形参。

（2）宏定义中不定义形参类型，宏名也没有类型，只是一个符号；而函数定义中必须指定每个形参的类型。

（3）宏调用只在编译预处理时进行简单替换，不占用运行时间；而函数调用要占用运行时间。

取消宏定义的语法格式如下：

```
#undef 宏名
```

【例 6-11】运行以下代码并输出结果。

源代码：

```
01 #include <stdio.h>
02 #define FUDGE(y) 2.84+y
03 #define PR(a) printf("%d",(int)(a))
04 #define PRINT1(a) PR(a);putchar('\n')
05
06 int main()
07 {
08     int x = 2;
09     PRINT1(FUDGE(5)*x);
10     return 0;
11 }
```

本例题的宏替换过程如下：

```
PRINT1(FUDGE(5)*x)->PR(FUDGE(5)*x); putchar('\n')
PR(FUDGE(5)*x)->printf("%d",(int)(FUDGE(5)*x))
FUDGE(5)*x->2.84+5*x
```

由于 x 的值为 2，因此 FUDGE(5)*x 的值为 12.84，经过强制转化为整数后，输出 12。

6.6.2 文件包含

文件包含是指在一个文件中包含另一个文件的全部内容，其语法格式如下：

```
#include <文件名>
```

或者

```
#include "文件名"
```

这两种形式的区别为：使用尖括号表示系统直接到标准库头文件安装目录中查找指定的包含文件。使用双引号表示系统将先在源程序文件所在目录中查找指定的包含文件，如果找不到，则到标准库头文件安装目录中查找。

在程序设计中，有些公用的符号常量或宏定义可以单独组成一个文件，在其他文件的开头用包含命令包含该文件即可使用。

6.6.3　条件编译

为了提高程序的可移植性、灵活性，有时只希望对某一部分程序在满足一定条件时才进行编译，即对部分程序指定编译条件，这就是条件编译。下面介绍以下几种形式的条件编译。

1. #if...#endif 命令

以#if 命令开头的条件编译区域，其语法格式如下：

```
#if 整型常量表达式
    程序片段
#endif
```

当预处理器执行到#if 命令时，会计算整型常量表达式的值。如果整型常量表达式的值为0，则程序片段将在预处理过程中被舍弃，否则程序片段将被保留在程序中由编译器继续处理。例如：

```
01 #include <stdio.h>
02 #define MAX 10
03 int main()
04 {
05     #if MAX > 99
06         printf("compile for array greater than 99\n");
07     #endif
08     printf("go on\n");
09     return 0;
10 }
```

该源代码因为 MAX 的值为 10，表达式的值为 0，所以输出结果为 go on。

2. defined 运算符

defined 运算符专门用于预处理器，其语法格式如下：

```
defined(标识符)
```

或者

```
defined 标识符
```

如果标识符已经被宏定义，则 defined 运算符返回 1，否则返回 0。defined 运算符通常与#if 命令结合使用。例如：

```
#define DEBUG
#if defined(DEBUG)
    程序片段
#endif
```

如果标识符 DEBUG 已经被#define 宏定义，则 defined(DEBUG)返回 1，程序片段将被保留在程序中。例如：

```
01 #include <stdio.h>
02 #define MAX 10
03 int main()
04 {
05     #if defined(MAX)
06         printf("compile for array greater than 99\n");
07     #endif
08     printf("go on\n");
09     return 0;
10 }
```

运行结果：

```
compile for array greater than 99
go on
```

3. #ifdef 命令和#ifndef 命令

我们可以通过#ifdef 命令测试一个标识符是否被#define 宏定义，其语法格式如下：

```
#ifdef 标识符
```

#ifndef 命令的功能与#ifdef 的功能相反，用于测试一个标识符是否没有被#define 宏定义，其语法格式如下：

```
#ifndef 标识符
```

这两个命令可以结合#if 命令和 defined 运算符得到相同的效果。例如：

```
#ifdef 标识符
```

等价于

```
#if defined(标识符)
```

```
#ifndef 标识符
```

等价于

```
#if !defined(标识符)
```

4. #elif 命令和#else 命令

#elif 命令、#else 命令与#if 命令、#ifdef 命令、#ifndef 命令搭配，可以用于测试一系列条件，像 if 语句那样可以嵌套灵活使用。在下面的实例中，预处理器会根据标识符 WINDOWS、MAC_OS 或 LINUX 是否被#define 宏定义，而将 3 个程序片段之一保留在程序中，并由编译器继续处理。这样有助于编写跨平台、兼容性好的代码。

```
#define WINDOWS
#if defined(WINDOWS)
    程序片段 1
#elif defined(MAC_OS)
    程序片段 2
#elif defined(LINUX)
    程序片段 3
#else
    程序片段 4
#endif
```

当程序在 Windows 操作系统下编译运行时，因为标识符 WINDOWS 已经被#define 宏定义，所以程序片段 1 会被保留在程序中，程序片段 2 和程序片段 3 将被舍弃。

需要注意的是，#if 命令要求判断条件为整型常量表达式，也就是说，表达式中不能包含变量，而且结果必须是整数，而 if 语句后面的表达式则没有限制，这是#if 命令和 if 语句的一个重要区别。

6.7 递归函数

有时一个待解决的大问题包含了数个小问题，且小问题与大问题的结构相同，此时使用递归可以使程序显得简洁易懂。此外，数据结构中递归的使用非常普遍。因此，学好递归对于解决实际问题与进一步学习都非常重要。

一个函数直接或间接地调用了自身，就是递归函数。递归函数可以分为直接递归和间接递归。直接调用函数自身的称为"直接递归调用"；间接调用函数自身的称为"间接递归调用"，如图 6-4 和图 6-5 所示。

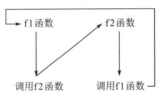

图 6-4　直接递归调用示意图　　　　图 6-5　间接递归调用示意图

无论是直接递归调用还是间接递归调用，都是无限调用自身而构成无限递归。在实际递归函数的实现中必须指定递归调用的次数或给定终止调用的条件，以避免出现无限递归的情况。

编写递归函数需要注意以下两个问题。

（1）递归出口：决定递归何时终止，避免出现无限递归使程序崩溃。在编写递归函数时，要确保递归出口的判断语句能够最先执行。

（2）递归关系：分析提取问题中的重复逻辑，找出较大规模的原问题与较小规模的同一子问题之间的关系。这是编写递归函数的关键所在。

一般使用递归函数写出来的代码逻辑清晰、代码简洁，充分体现了代码的优雅之美。但有时用户并不容易找到递归关系，这需要有一定的经验和技巧。有时一些数学定义本身就具有递归思想。

【例 6-12】用递归法求阶乘 $n!$。

例题分析，根据阶乘定义公式：

$$n! = \begin{cases} 1 & (n=0,1) \\ n \times (n-1)! & (n>1) \end{cases}$$

因此求原问题 $n!$ 可以转化为求子问题 $(n-1)!$，问题的规模减小了 1。也容易得知递归出口条件：当 $n=0$ 或 1 时，$n!=1$，此时无须再递归调用即可直接得到答案。

源代码：

```
01 int fact(int n)
02 {
03     if(n == 0 || n == 1)
04     {
05         return 1;
06     }
07     else
08     {
09         return n * fact(n - 1);
10     }
11 }
```

尽管递归函数优雅、简洁，但其运行效率一般不高。在某些情况下，有的递归函数甚至无法得到运行结果。

【例 6-13】编写求第 n 个斐波那契数的递归函数。

例题分析，根据斐波那契数列的定义公式：

$$f\left(n\right)=\begin{cases} 1 & (n=1,2) \\ f\left(n-1\right)+f\left(n-2\right) & (n>2) \end{cases}$$

因此，求第 n 个斐波那契数可以转化为求第 $n-1$ 个斐波那契数和第 $n-2$ 个斐波那契数，问题的规模减小了。递归出口条件：当 $n=1$ 或 2 时，$f(n)=1$。

源代码：

```
01 int fib(int n)
02 {
03     if(n == 1 || n == 2)
04     {
05         return 1;
06     }
07     else
08     {
09         return fib(n - 1) + fib(n - 2);
10     }
11 }
```

我们可以推导出，使用递归法求斐波那契数列的时间复杂度为 $O\left(\left(\dfrac{1+\sqrt{5}}{2}\right)^{n}\right)$。计算第 41

个斐波那契数大约需要 1.28 秒，计算第 47 个斐波那契数已经超出 int 范围，计算第 64 个斐波那契数大约需要 123 天，计算第 204 个斐波那契数大约需要 10^{23} 年（约为 1 千万亿亿年）。相比之下，使用循环求斐波那契数效率要高一些。

源代码：

```
01 int fib(int n)
02 {
03     int i, a = 1, b = 1, c;
04     for(i = 3; i <= n; i++)
05     {
06         c = a + b;
07         a = b;
08         b = c;
09     }
10     return b;
11 }
```

为什么递归解法和循环解法的效率相差如此悬殊呢？这是因为使用递归算法，几乎所有时间都在做重复工作，中间计算结果无法得到利用。例如，我们利用上述代码在计算 fib(5)时，其递归求解过程如图 6-6 所示。

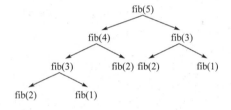

图 6-6　fib(5)递归求解过程

从图 6-6 可知，想要计算 fib(5)，需要先计算 fib(4)和 fib(3)。在计算 fib(4)的过程中，需要计算 fib(3)和 fib(2)，但是计算出的 fib(3)的值无法保存，也不能进行后续利用，导致之后在计算 fib(3)时需要重新求解，浪费了大量的计算时间。我们可以参考斐波那契数列的循环解法，重写递归算法。

源代码：

```
01 int fib(int n, int k, int a, int b)
02 {
03     if(n == 1 || n == 2)
04     {
05         return 1;
06     }
07     if(n == k)
08     {
09         return a + b;
10     }
11     else
12     {
13         return fib(n, k + 1, b, a + b);
14     }
15 }
```

计算第 *n* 个斐波那契数，在调用时需写成 fib(n,1,1,1)。

有时问题中隐含的递归关系并不容易直接看出，此时我们需要仔细设计子问题，使得子问题与原问题结构相同，规模又能适当减小。这对编程初学者是具有挑战的。

【例 6-14】编写递归函数实现把正整数 n 的各位数字逆序输出。例如，573 输出 375。

例题分析：观察题目，逆序输出 573 实际上先输出 573 的个位数 3，再逆序输出去掉 3 以后剩下的数字 57。因此，我们可以把"原问题逆序输出正整数 n"分解为两个步骤。

（1）输出 n 的个位数 n%10。

（2）逆序输出 n/10 的值。

每次递归都使问题规模减小了，n 的位数减 1，且子问题和原问题保持一致。当 n 只有一位数时，无须再递归调用，直接输出 n 即可。

源代码：

```
01 void reverse(int n)
02 {
03     if(n / 10 == 0)
04     {
05         printf("%d", n);
06     }
07     else
08     {
09         printf("%d", n % 10);
10         reverse(n / 10);
11     }
12 }
```

如果使用递归解法，则顺序输出 n 也变得非常简单，只需要把上述第 9 行代码与第 10 行代码交换一下即可。

【例 6-15】编写递归函数实现把十进制正整数 n 转化为二进制数并输出。

例题分析：观察第 1 章把十进制数转换为二进制数的方法，我们发现，把十进制数 n 转换为二进制数，实际上是先把 n/2 的值转化为二进制数输出，再输出 n%2 的值。每次操作使子问题的规模减小为 n/2，且子问题和原问题保持一致。当 n/2=0 时，无须递归调用直接输出 n 即可。本例题与顺序输出 n 的方法类似，只是把 10 改为 2。

源代码：

```
01 void ten2(int n)
02 {
03     if(n / 2 == 0)
04     {
05         printf("%d", n);
06     }
07     else
08     {
09         ten2(n / 2);
10         printf("%d", n % 2);
```

```
11      }
12 }
```

把十进制正整数 n 转换为八进制数的源代码：

```
01 void ten8(int n)
02 {
03      if(n / 8 == 0)
04      {
05          printf("%d", n);
06      }
07      else
08      {
09          ten8(n / 8);
10          printf("%d", n % 8);
11      }
12 }
```

当把十进制正整数 n 转换为十六进制数时，需要编写一个 trans() 函数，用于把输入的数字 0~15 转化为字符'0'~'9'和'A'~'F'。

源代码：

```
01 char trans(int n)
02 {
03      if(n >= 0 && n <= 9)
04      {
05          return '0' + n;
06      }
07      else
08      {
09          return 'A' + n - 10;
10      }
11 }
12
13 void ten16(int n)
14 {
15      if(n / 16 == 0)
16      {
17          printf("%c", trans(n));
18      }
19      else
20      {
21          ten16(n / 16);
22          printf("%c", trans(n % 16));
23      }
24 }
```

【例 6-16】汉诺塔：传说印度古代某寺庙里有一个梵塔，塔内有 3 个座 *A*、*B* 和 *C*。座 *A*

上放着 n 个大小不等的盘子，其中大盘在下，小盘在上。有一个和尚想把这 n 个盘子从座 A 移到座 C，但一次只能移动一个盘子，移动的盘子只允许放在其他两个座上，且大盘不能压在小盘上。编写递归函数实现该过程并输出移动步骤。

例题分析：汉诺塔问题看似复杂，但我们可以从最简单的情况开始分析。

（1）当 $n=1$，即座 A 上只有 1 个盘子时，此时把它直接移动到座 C 即可，问题解决。

（2）当 $n=2$，即座 A 上有 2 个盘子时，首先把座 A 上面的小盘移动到座 B，然后把大盘移动到座 C；最后把座 B 上的小盘移动到座 C。整个移动过程符合要求，于是 2 个盘子的移动问题得以解决。

（3）当 $n=3$，即座 A 上有 3 个盘子时，由于 2 个盘子的移动问题已经解决，此时首先把座 A 上的 2 个盘子暂时看成一个整体移动到座 B，在具体移动过程中与（2）的方法一样，要一个一个移动，但最终的结果可以看成座 A 上的 2 个盘子整体移动到座 B；然后把座 A 上剩下的一个大盘移动到座 C；最后把座 B 上的 2 个盘子移动到座 C，问题解决。

（4）如果我们解决了 $n-1$ 个盘子的汉诺塔问题，则 n 个盘子的汉诺塔问题一定可以解决。原问题可以描述为：在座 B 的帮助下，把座 A 上的 n 个盘子移动到座 C，问题的解决可以分成 3 个步骤。

① 在座 C 的帮助下，把座 A 上的 $n-1$ 个盘子移动到座 B。

② 把座 A 上的 1 个盘子，移动到座 C。

③ 在座 A 的帮助下，把座 B 上的 $n-1$ 个盘子移动到座 C。

这是一个递归过程。它的递归出口为：当 $n=1$ 时，把座 A 上的盘子直接移动到座 C。

源代码：

```
01 void hanoi(int n, char A, char B, char C)
02 {
03     if(n==1)
04     {
05         printf("%c----------->%c\n", A, C);
06     }
07     else
08     {
09         hanoi(n-1, A, C, B);
10         printf("%c----------->%c\n", A, C);
11         hanoi(n-1, B, A, C);
12     }
13 }
```

6.8 终止程序

在通常情况下，main()主函数的语法格式如下：

```
int main()
{
```

```
    …
    return 0;
}
```

main()主函数的返回值类型是 int 类型，其返回值是一个状态指示器。当返回值为 0 时，表示程序正常终止；当返回任何其他非 0 值时，表示程序异常终止。

在 main()主函数中执行 return 语句是终止程序的一种方法，另一种终止程序的方法是调用 exit()函数。

return 语句和 exit()函数关系密切。例如：

```
    return 表达式;
```

等价于

```
    exit(表达式);
```

它们的区别在于：无论在哪个函数中调用 exit()函数都会终止程序运行，而 return 语句仅当由 main()主函数调用时才会终止程序。

为了使用 exit()函数，必须包含 stdlib.h 头文件。传递给 exit()函数的实参与 main()主函数的返回值具有相同的含义，都说明程序终止时的状态。stdlib.h 头文件中声明了两个常量：EXIT_SUCCESS 和 EXIT_FAILURE，分别表示程序正常终止的状态和异常终止的状态。

- 给 exit()函数传递 EXIT_SUCCESS 表示程序正常终止：exit(EXIT_SUCCESS)。
- 给 exit()函数传递 EXIT_FAILURE 表示程序异常终止：exit(EXIT_FAILURE)。

6.9　使用随机函数

计算机程序具有确定性。给定一组输入数据，它们的行为是可预测且可重现的。相同的一组输入数据，在不同时刻运行得到的结果应该是一样的。但客观事物的变化有时有一定的随机性，如果多次运行程序得到的结果都完全一样，也无法很好地反映客观过程的实际情况。

由于这些情况的存在，人们希望能用计算机生成随机数。实际上，计算机无法生成真正的随机数，它只能生成伪随机数。

为了生成随机数，可以使用 stdlib.h 头文件中的 rand()函数，其函数头为：

```
int rand();
```

该函数用于返回一个[0,RAND_MAX]范围内的整数。RAND_MAX 是 stdlib.h 头文件中声明的常量，它的值一般为 32767。

【例 6-17】编写程序，生成 5 个随机数。

例题分析：使用循环语句来编写程序，每次循环生成一个随机数并将其输出。

源代码：

```
01 #include <stdio.h>
02 #include <stdlib.h>
03
04 int main()
05 {
06     int i;
```

```
07      printf("RAND_MAX=%d\n", RAND_MAX);
08      for(i = 1; i <= 5; i++)
09      {
10          printf("%d: %d\n", i, rand());
11      }
12      return 0;
13  }
```

运行结果：

```
RAND_MAX=32767
1: 41
2: 18467
3: 6334
4: 26500
5: 19169
```

在相同编程环境下，多次运行上述程序得到的运行结果都是一样的。这与我们心中对随机数的期望有点不太符合。

实际上，使用 rand()函数生成的随机数是由"种子"值产生的，rand()函数使用"种子"值控制随机数的生成，该"种子"的默认值为 1。例 6-17 的程序始终使用同一个"种子"，因此每次运行程序总会得到相同的随机数序列。如果每次运行程序时更改"种子"值，则生成的随机数就会不同。我们可以使用 srand()函数来更改"种子"值。

【例 6-18】编写程序，更改"种子"值，生成 5 个随机数。

例题分析：在调用 rand()函数生成随机数前，手动输入"种子"值，调用 srand()函数设置"种子"值。

源代码：

```
01 #include <stdio.h>
02 #include <stdlib.h>
03
04 int main()
05 {
06      int i;
07      unsigned int seed;
08      scanf("%d", &seed);
09      srand(seed);
10      for(i = 1; i <= 5; i++)
11      {
12          printf("%d: %d\n", i, rand());
13      }
14      return 0;
15  }
```

运行结果：

```
100↙
1: 365
```

```
    2: 1216
    3: 5415
    4: 16704
    5: 24504
    200↙
    1: 691
    2: 27480
    3: 22360
    4: 30971
    5: 7386
```

从上述程序的运行情况可知，当每次输入不同的"种子"值时，得到的随机序列是不同的。

为了保证每次程序运行时，"种子"值都是不同的，最简单的方法是使用 time.h 头文件中 time()函数生成的数值作为 srand()函数的"种子"值。当 time()函数以 NULL 作为参数时，返回从 1970 年 1 月 1 日 0:00 到当前时刻的秒数。srand(time(NULL))函数基本能保证每次调用时的"种子"值都是不同的。

【例 6-19】编写程序，生成[m,n]范围内的随机数的函数调用表达式，n-m>0 且 n-m<= RAND_MAX。

例题分析：由于使用 rand()函数生成[0,RAND_MAX]范围内的随机数，因此使用 rand() % (n − m + 1)可以生成[0,n-m]范围内的随机数，使用 m + rand() % (n − m + 1)可以生成[m,n]范围内的随机数。

6.10 本章小结

本章首先详细介绍了函数的定义和调用。函数定义要分析好函数的输入、输出和处理 3 个要素。一般来说，它们分别体现在函数定义时的参数表、返回值和函数名中。函数调用时发生了参数传递，由实参单向传递给形参。函数参数传递有两种形式：值传递和地址传递。一般来说，如果参数类型为基本数据类型，发生的是值传递。当进行值传递时，形参值的改变不会改变实参的值。

结构化程序设计是编写规模较大的程序时要特别注意的问题。结构化程序设计分 3 个步骤：自顶向下分析问题的方法、模块化设计和结构化编码。

变量主要分为局部变量和全局变量。它们的存储类型有 4 种：auto 类型、extern 类型、register 类型和 static 类型。其中，auto 类型和 register 类型只能用于局部变量；extern 类型只能用于全局变量；static 类型既可以用于局部变量，也可以用于全局变量。作用域分为块作用域和文件作用域。局部变量具有块作用域，它所属的程序块执行结束后，非静态局部变量内存回收，全局变量具有文件作用域，它与静态变量一样，在整个程序运行期间都存在。

预处理命令有 3 类：头文件包含、宏定义和条件编译。头文件包含在使用时有使用尖括号和双引号两种不同形式，它们在寻找头文件的顺序上有所不同。宏定义分为带参数和不带参数两种。使用条件编译可以编写出移植性和扩展性好的代码。

编写递归函数是一个难点，要注意分析递归的出口，以及原问题与子问题之间的递归关系。递归函数一般运行效率不高，但程序简洁、明了。

最后介绍了终止函数 exit() 和随机函数 rand() 的使用。随机函数 rand() 依赖不同 "种子" 值的设置才能得到不同的随机序列。

习题 6

1. 以下程序的运行结果是_____。

```c
#include <stdio.h>
void fun(int x, int y)
{
    x = x + y;
    y = x - y;
}
int main()
{
    int x = 2, y = 3;
    fun(x, y);
    printf("%d#%d\n", x, y);
    return 0;
}
```

2. 以下程序的运行结果是_____。

```c
#include <stdio.h>
void fun(int n)
{
    if(n == 1)
        return 1;
    else
        return n + fun(n - 1);
}
int main()
{
    printf("%d\n", fun(5));
    return 0;
}
```

3. 以下程序的运行结果是_____。

```c
#include <stdio.h>
int a, b;
void fun()
{
    a = 100;
```

```
        b = 200;
    }
    int main()
    {
        int a = 5, b = 7;
        fun();
        printf("%d#%d\n", a, b);
        return 0;
    }
```

4. 以下程序的运行结果是_____。

```
    #include <stdio.h>
    int a = 3;
    int main()
    {
        int s = 0;
        {
            int a = 5;
            a += a++;
        }
        s += a++;
        printf("%d\n", s);
        return 0;
    }
```

5. 以下程序的运行结果是_____。

```
    #include <stdio.h>
    int func(int x, int y)
    {
        int z;
        z = x + y;
        return z++;
    }
    int main()
    {
        int i = 3, j = 2, k = 1;
        do
        {
            k += func(i, j);
            printf("%d\n", k);
            i++;
            j++;
        }while(i <= 5);
        return 0;
    }
```

6. 以下程序的运行结果是_____。

```c
#include <stdio.h>
int b=40;
void fun()
{
    int a = 5;
    static int b = 5;
    ++a;
    ++b;
    printf("%d#%d\n", a, b);
}
int main()
{
    fun();
    fun();
    return 0;
}
```

7. 以下程序的运行结果是_____。

```c
#include <stdio.h>
#define N 10
void fun();
int main()
{
    fun();
    #ifdef N
    #undef N
    #endif
    return 0;
}
void fun()
{
    #if defined(N)
    printf("N is %d\n", N);
    #else
    printf("N is undefined\n");
    #endif
}
```

8. 假设 debug.h 头文件有如下代码：

```c
#ifdef DEBUG
    #define PRINT_DEBUG(n) printf("%d\n", n)
#else
    #define PRINT_DEBUG(n)
#endif
```

假设 testdebug.c 源文件有如下代码：

```c
#include <stdio.h>
#define DEBUG
#include "debug.h"
int main()
{
    int x = 1, y = 2, z = 3;
    #ifdef DEBUG
        printf("DEBUG 已被定义\n");
    #else
        printf("DEBUG 未被定义\n");
    #endif // DEBUG
    PRINT_DEBUG(x);
    PRINT_DEBUG(y);
    PRINT_DEBUG(z);
    PRINT_DEBUG(x + y);
    PRINT_DEBUG(2 * x + y - z);
    return 0;
}
```

（1）程序的运行结果是什么？

（2）如果从 testdebug.c 中删除#define 命令，程序的运行结果又是什么？

（3）说明（1）和（2）中的运行结果为何不同？

9. 找出并修改以下代码段中的错误。

```c
void fun(int x)
{
    int x = 5;
    printf("x=%d\n", x);
}
```

10. 以下正确的函数定义形式是（　　　）。

　　A．double fun(int x, int y)　　　　B．double fun(int x; int y)

　　C．double fun(int x, y)　　　　　　D．double fun(int x, y;)

11. 在一个源文件中定义的全局变量的作用域为（　　　）。

　　A．本文件的全部范围　　　　　　　B．本程序的全部范围

　　C．本函数的全部范围　　　　　　　D．从定义该变量的位置开始至本文件结束为止

12. 如果在一个函数的复合语句中定义一个变量，则该变量（　　　）。

　　A．只在该复合语句中有效　　　　　B．在该函数中有效

　　C．在本程序范围内有效　　　　　　D．为非法变量

13. 凡是函数中未指定存储类型的局部变量，其隐含的存储类型为（　　　）。

　　A．auto　　　　　B．static　　　　　C．extern　　　　　D．register

14. 如果函数值的类型与返回值的类型不一致，则应该以_____为准。

15. 在函数外部定义的变量是_____变量，形参是_____变量。

16. 函数调用语句 "fun((exp1,xep2),(exp3,exp4,exp5));" 中含有_____个实参。

17. 编写函数计算组合数：c(n,k)=n!/(k!(n-k)!)。

18. 编写程序，设计一个函数，输出整数 n 的所有素数因子。

19. 编写程序，使用函数计算两点之间的距离：给定平面任意两点坐标(x1,y1)和(x2,y2)，要求定义和调用函数 dist(x1,y1,x2,y2)，计算这两点坐标之间的距离（保留 2 位小数）。

20. 编写函数 int fun(int x)，该函数的功能是判断 x 是否出现在它的平方数的右边。例如，5 出现在 25 的右边，那么 5 是满足要求的 x。如果满足要求，则返回值为 1，否则返回值为 0。x 的取值范围是 0～99。

21. 编写程序，使用函数统计指定数字的个数：读入一个整数，统计并输出该数中 "2" 的个数。要求定义并调用函数 countdigit(number,digit)，它的功能是统计 number 中数字 digit 的个数。例如，countdigit(12292,2)的返回值为 3。

22. 小明的 18 岁生日就要到了，他很开心，可是他突然想到一个问题，是不是每个人从出生开始，到 18 岁生日时所经过的天数都是一样的呢？似乎并不全都是这样，所以他想编写一个函数，计算他与朋友从出生到 18 岁所经过的总天数，函数的参数为出生年月日。

23. 回文数是一种数字，如 8008，这个数字顺序排列是 8008，逆序排列也是 8008，所以这个数就是回文数。任意取一个正整数，如果不是回文数，将该数与它的倒序数相加，如果其和不是回文数，则重复上述步骤，一直到获得回文数为止。例如，68+86 变成 154、154+451 变成 605、605+506 变成 1111，而 1111 是回文数。于是数学家提出一个猜想：无论开始是什么正整数，在经过有限次正序数和倒序数相加的步骤后，都会得到一个回文数。请用函数编程验证这个猜想，并以一定格式输出每次相加后的数字 "68--->154--->605--->1111"。

24. 编写程序，找出范围为 11～999 的所有三重回文数（三重回文数 a 是指 a、a^2、a^3 都是回文数）。

25. 数根可以通过把一个数的各个位上的数字加起来得到。如果结果是一位数，则这个数就是数根。如果结果是两位数或包括更多位的数，则再把这些数字相加。如此进行下去，直到得到的是一位数为止。例如，对于 24 来说，把 2 和 4 相加得到 6，由于 6 是一位数，因此 6 是 24 的数根。又如 39，把 3 和 9 相加得到 12，由于 12 不是一位数，因此要把 1 和 2 相加，最后得到 3，这是一个一位数，因此 3 是 39 的数根。

第 7 章　数组

本 章 要 点

- 一维数组的定义和使用。
- 二维数组的定义和使用。
- 字符数组和字符串。

到目前为止，我们在程序中已经使用了基本数据类型变量：整型变量、浮点型变量和字符型变量。使用基本数据类型变量，只能保存单个数据。在许多情况下，仅使用基本数据类型变量是不够的，需要使用复合数据类型变量。复合数据类型变量是由基本数据类型变量按一定规则组合而成的。

我们现在需要统计班级学生的数学期末成绩并排序，如果班上有 50 个学生，那么仅使用以前的知识编程完成上述功能会非常麻烦。我们不太可能声明 50 个变量用于保存 50 个学生的成绩。为了解决类似问题，我们引入了复合数据类型——数组。

数组是具有相同数据类型的一组相关变量的集合，这些变量为数组元素。数组元素在内存中按顺序连续存放，数组元素按其存放顺序对应一个从 0 开始的编号，该编号称为"数组下标"。只有一个下标的数组称为"一维数组"，有两个或两个以上下标的数组称为"多维数组"。

7.1　一维数组的定义和使用

7.1.1　一维数组的定义

一维数组定义的语法格式如下：

[存储类型] 类型名 数组名[数组长度];

存储类型为可选项，可以是 static、extern 和 auto。与变量声明一样，如果省略存储类型，则默认为 auto。类型名用于指定数组中每个元素的类型，可以是基本数据类型，也可以是复合数据类型。数组名是一个标识符，必须符合命名规则，里面存放的是分配给数组的连续内存空间的首地址，它是一个不能更改的地址常量。数组长度是指数组元素的个数，在一般情况下是一个整型常量表达式。例如：

```
int a[10];   /*定义一个有 10 个整型元素的数组 a*/
float f[5];  /*定义一个有 5 个单精度浮点型元素的数组 f*/
char s[20];  /*定义一个有 20 个字符型元素的数组 s*/
```

定义完数组后，系统就能知道数组有多少个元素，每个元素是什么类型，这决定了需要为数组分配多大的连续内存空间，并对这些内存空间进行连续编号，这些编号就是下标。数组下标从 0 开始，最大值为数组长度-1。有了数组内存首地址和每个元素占用的内存字节，我们就可以很方便地通过数组名结合下标的形式来访问或操作每个数组元素。

长度运算符 sizeof 可以用于确定数组元素和数组的大小。例如，int a[10]的数组元素大小 sizeof(a[0])为 4，而数组大小 sizeof(a)则为 40。

7.1.2　一维数组的初始化

与变量初始化类似，当定义数组时，也可以对数组进行初始化，其语法格式如下：

```
类型名 数组名[数组长度] = {初值表};
```

对一维数组的初始化通常采用顺序初始化与指定初始化两种方法。

1. 顺序初始化

可以对数组的全部元素赋初值。例如：

```
int a[10] = {1, 2, 3, 4, 5, 6, 7, 8, 9, 10};
```

系统将初值表中的数值依次对数组元素进行赋初值。

也可以对数组的前若干个元素赋初值，其余元素自动清 0。例如：

```
int a[10] = {1, 2, 3, 4};
```

系统把初值表中的 1 赋值给元素 a[0]，2 赋值给元素 a[1]，3 赋值给元素 a[2]，4 赋值给元素 a[3]，其余元素 a[4]～a[9]都清 0。

当数组初始化时，对所有元素都赋了初值，此时可省略数组长度。例如：

```
int a[] = {1, 2, 3, 4, 5};
```

系统会根据初值表中的初值个数自动给出数组长度。

2. 指定初始化

C99 还引入了指定初始化式。它可以指定初始化数组中的某些元素。例如：

```
int a[20] = {[9] = 8, [2] = 22, [19] = 11};
```

上述初始化式指定 a[2]初始值为 22，a[9]初始值为 8，a[19]初始值为 11，其余元素都自动清 0。当使用指定初始化式时，赋值顺序不再重要。此时[]中的数字又被称为"指示符"，指示符必须是整型常量表达式。如果省略数组长度，则编译器将根据最大的指示符推断出数组长度。例如：

```
int a[] = {[5] = 10, [24] = 33, [15] = 66};
```

指示符最大值为 24，因此数组长度为 25。

还可以指定全部元素整体赋为某个值。例如：

```
int a[10] = {[0 ... 9] = 8};
```

系统会把数组 a 中从 a[0]～a[9]的所有元素都赋值为 8。需要注意的是，初值表[]中的 0 和 9 与...之间必须留有空格。

如果静态数组和全局数组没有初始化，则系统会将所有元素都清 0，而局部数组则不会清 0。

7.1.3　一维数组元素的引用

C 语言规定只能引用单个数组元素，不能一次引用整个数组。数组元素引用的语法格式如下：

数组名[下标]

数组下标从 0 开始，最大值为数组长度-1。需要注意的是，下标值不要越界。C 语言一般不主动检查数组元素下标是否越界，下标越界在有的编译器里不会报错，有时还能正常运行，如果访问了不允许访问的内存空间，则会引起程序崩溃，造成不可预知的后果，因此要避免数组下标越界。下面程序在 CodeBlocks 中运行时不会报错，但在 VC6 中运行时却导致程序崩溃。

```
01 #include <stdio.h>
02 int main()
03 {
04      int a[10] = {1};
05      printf("%d\n", a[10]);        /*下标已越界*/
06      printf("%d\n", a[100]);       /*下标已越界*/
07      printf("%d\n", a[1000]);      /*下标已越界*/
08      printf("%d\n", a[10000]);     /*下标已越界*/
09      return 0;
10 }
```

当引用数组元素时，下标可以是常量表达式，也可以是变量表达式。在定义完数组后，用户就可以像使用变量一样使用各个数组元素。例如：

```
int a[10] = {1, 2, 3};
scanf("%d", &a[3]);
a[3]++;
a[4] = a[0] + a[1] + a[2];
```

定义在函数内部的数组和局部变量一样都是在函数栈区分配内存空间的。

注意：当定义数组时，方括号内的数值表示数组长度。当引用数组时，方括号内的数值表示元素的下标。

7.1.4　一维数组的赋值

数组元素可以通过赋值语句单个赋值。例如，有 int a[5]：

```
a[0] = 1, a[2] = 4;
```

如果数组元素的值和下标之间还存在一定的联系，则可以使用循环语句来给数组元素赋值。例如：

```
for(i = 0; i < 5; i++)
    a[i] = i * i;
```

两个同类型、同长度的数组之间不能使用赋值运算符直接整体赋值。例如：

```
int a[5] = {1, 2, 3, 4, 5}, b[5];
b = a;  /*错误*/
```

应该使用循环语句对数组 b 中的每个元素逐个赋值。此外也可以使用标准库函数 memcpy()进行赋值。当使用 memcpy()函数时，需要包含 string.h 头文件。例如：

```
memcpy(b, a, sizeof(a));
```

7.1.5　使用一维数组编写程序

【例 7-1】编写程序，输入 10 个整数存入长度为 10 的数组中，求这些整数的最大值和最小值及其在数组中的下标。

例题分析：可以使用擂台法，声明两个变量分别用于存储最大值、最小值的下标。如果这组数据中的第 0 个数据为最大值或最小值，则把最大值和最小值的下标都赋值为 0。

源代码：

```
01 #include <stdio.h>
02 int main()
03 {
04     int i, a[10], maxi, mini;
05     maxi = mini = 0;
06     for(i = 0; i < 10; i++)
07     {
08         scanf("%d", &a[i]);
09         if(a[i] > a[maxi])
10         {
11             maxi = i;
12         }
13         if(a[i] < a[mini])
14         {
15             mini = i;
16         }
17     }
18     printf("最大值 a[%d]=%d,最小值 a[%d]=%d\n", maxi, a[maxi], mini, a[mini]);
19     return 0;
20 }
```

运行结果：

```
5 10 32 3 8 71 88 6 24 9↙
最大值 a[6]=88,最小值 a[3]=3
```

【例 7-2】编写程序，利用数组求出斐波那契数列的前 20 项，并按每行 5 个数输出。

例题分析：斐波那契数列的前两项为 1，可以利用数组的初始化给这两项赋值，数组的初始化式可以写成{1,1}，这样数组前两项为 1，其余都会被清 0。在使用数组解题时，数组的初始化往往需要认真思考并加以充分利用。

源代码：

```
01 #include <stdio.h>
02 int main()
03 {
04     int f[20] = {1,1}, i;
05     printf("1 1 ");
06     for(i = 2; i < 20; i++)
07     {
08         f[i] = f[i-1] + f[i-2];
09         printf("%d ", f[i]);
10         if(i % 5 == 4)
11         {
12             printf("\n");
13         }
14     }
15     return 0;
16 }
```

运行结果：

```
1 1 2 3 5
8 13 21 34 55
89 144 233 377 610
987 1597 2584 4181 6765
```

【例 7-3】编写程序，已知年、月、日，求这一天在该年中是第几天？

例题分析：要求第几天其实就是把该月之前的每个月的月份天数累加，再加上日期。由于一年中每个月的天数除 2 月外都是固定的，因此考虑把 12 个月的天数保存在一个数组中以便累加统计。鼓励使用函数解题。

源代码：

```
01 #include <stdio.h>
02
03 int leap(int y)
04 {
05     return y % 4 == 0 && y % 100 != 0 || y % 400 == 0;
06 }
07
08 int days(int y, int m, int d)
09 {
10     int i, total = d;
11     int month[12] = {31, 28 + leap(y), 31, 30,
12                      31, 30, 31, 31, 30, 31, 30, 31};
13     for(i = 0; i < m - 1; i++)
14     {
15         total += month[i];
```

```
16        }
17     return total;
18 }
19
20 int main()
21 {
22     int y, m, d;
23     scanf("%d%d%d", &y, &m, &d);
24     printf("在这一年中是第%d 天\n", days(y, m, d));
25     return 0;
26 }
```

运行结果：

```
2020 3 5↙
在这一年中是第 65 天
1997 3 5↙
在这一年中是第 64 天
```

【例 7-4】编写程序，使用筛选法求 1000 以内的所有素数并将其输出。

例题分析：使用筛选法求 n 以内的所有素数是指在自然数区间$[2,n)$内，从最小的素数 2 开始，由于 2 的所有倍数都不是素数，因此把区间内所有 2 的倍数做标记。2 之后第一个没有做标记的数 3 就是素数，因为比 3 小的所有素数都不是它的因子，接下来把所有 3 的倍数做标记，因为它们不是素数。3 之后第一个没有做标记的数 5 是素数，再把所有 5 的倍数做标记，以此类推，直到检查到 n。

我们可以声明一个数组 p[1000]，其下标范围为 0～999，并规定：

$$p[i] = \begin{cases} 1, & i\text{不是素数} \\ 0, & i\text{是素数} \end{cases}$$

由于 0 和 1 都不是素数，因此我们可以把数组 p 的前两项初始化为 1，其余全部清 0，也就是说一开始假设其他所有数都是素数。

源代码：

```
01 #include <stdio.h>
02 int main()
03 {
04     int i, j, p[1000] = {1, 1};              //假设从 2 开始的所有数都是素数
05     for(i = 2; i < 1000; i++)
06     {
07         if(p[i] == 0)                        //如果 i 是素数
08         {
09             printf("%d ",i);
10             for(j = 2 * i; j < 1000; j += i)   //i 的倍数都不是素数
11             {
12                 p[j] = 1;
13             }
```

```
14              }
15          }
16      return 0;
17  }
```

运行结果：

```
2  3  5  7  11 13 17 19 23 29 31 37 41 43 47 53 59 61 67 71 73 79 83 89 97 101 103
107 109 113 127 131 137 139 149 151 157 163 167 173 179 181 191 193 197 199 211 223
227 229 233 239 241 251 257 263 269 271 277 281 283 293 307 311 313 317 331 337 347
349 353 359 367 373 379 383 389 397 401 409 419 421 431 433 439 443 449 457 461 463
467 479 487 491 499 503 509 521 523 541 547 557 563 569 571 577 587 593 599 601 607
613 617 619 631 641 643 647 653 659 661 673 677 683 691 701 709 719 727 733 739 743
751 757 761 769 773 787 797 809 811 821 823 827 829 839 853 857 859 863 877 881 883
887 907 911 919 929 937 941 947 953 967 971 977 983 991 997
```

7.2　二维数组的定义和使用

7.2.1　二维数组的定义和引用

在学习二维数组时，会发现不少地方和一维数组类似。二维数组定义的语法格式如下：

类型名　数组名[行数][列数];

例如：

int a[3][4];　/*定义一个 3 行 4 列整型元素的二维数组 a*/

引用二维数组元素需要指定两个下标，即行标和列标，其语法格式如下：

数组名[行标][列标]

行标的合理取值范围是[0,行数-1]，列标的合理取值范围是[0,列数-1]。二维数组元素在内存中按行优先的方式存放，先存放第 0 行元素，再存放第 1 行元素，……，其中每一行的元素再按照列的顺序存放。

二维数组 a 的每一行都可以看作一个一维数组。用 a[i]表示第 i 行构成的一维数组的数组名。二维数组 a 可以看成有 3 个数组元素 a[0]、a[1]和 a[2]，它们均是包含 4 个元素的一维数组。a[i][j]可以理解成二维数组 a 中第 i 行构成的一维数组（数组名为 a[i]）里的第 j 个元素。

7.2.2　二维数组的初始化

二维数组的初始化可以分行初始化，也可以按顺序初始化，在 C99 中还可以指定初始化式。

1. 分行初始化

二维数组分行初始化的语法格式如下：

类型名　数组名[行数][列数] = {{初值表 0}, {初值表 1},..., {初值表 k}};

把初值表 0～k 中的数据依次赋给第 0～k 行的元素，每行未被赋值及第 k 行后的元素都将自动清 0。例如：

```
int a[3][4] = {{1}, {2, 3}};
```

在上述初始化中，第 0 行的 a[0][0]被初始化为 1，第 1 行的 a[1][0]和 a[1][1]被初始化为 2 和 3，这两行中未被初始化的元素和第 2 行的所有元素都将自动清 0。

2．顺序初始化

顺序初始化的语法格式如下：

```
类型名 数组名[行数][列数] = {初值表};
```

根据数组元素在内存中的存放顺序，按照行优先原则，把初值表中的数据依次赋值给二维数组元素，剩余未被赋值的元素都将自动清 0。例如：

```
int a[3][4] = {1, 2, 3, 4, 5};
```

由于每行有 4 个元素，因此上述初值表中的前 4 个初值将初始化第 0 行中的 4 个元素，第 5 个初值初始化 a[1][0]，其余未被初始化的元素都将自动清 0。

当二维数组元素初始化时，如果对全部元素都赋了初值，或者当分行赋初值时，在初值表中列出了全部行，则可以省略行数，但不可以省略列数，否则系统将无法根据初值表和列数统计行数。例如：

```
int a[][4] = {1, 2, 3, 4, 5};
```

二维数组 a 每行有 4 个元素，初值表共有 5 个初值，前 4 个初值将初始化第 0 行中的 4 个元素，剩余 1 个初值初始化 a[1][0]，因此系统将认为二维数组 a 的行数为 2。

3．指定初始化

C99 的指定初始化式对二维数组也有效。例如：

```
int a[3][4] = {[2][1] = 3, [1][1] = 2};
```

同样，在使用指定初始化式时，二维数组的行数可以不写，但列数不能不写。

如果数组所有元素均初始化为相同值，则可以使用下述的初始化方法：

```
int a[3][4] = {[0 ... 2][0 ... 3] = 10};
```

同理，在上述初始化式中，0 和 2 之间及 0 和 3 之间要留有空格。它将把二维数组 a 的所有元素都初始化为 10。当二维数组很大时，使用这种初始化方法非常方便。

7.2.3　常量数组

无论是一维数组还是多维数组，都可以通过在声明的最开始处添加 const，使该数组成为常量数组。例如：

```
const char hex_chars[] = {'1', '2', '3', '4', '5', '6', '7', '8', '9', 'A', 'B',
'C', 'D', 'E', 'F'};
```

程序不能修改常量数组，编译器能够检测到修改常量数组的错误。

const 类型限定符不限于数组，实际上它可以与任何变量一起使用。但 const 在数组声明中比较有用，因为在程序运行过程中经常有一些数组不会发生信息改变。

7.2.4　使用二维数组编写程序

【例 7-5】输出 10 阶单位矩阵。

例题分析：单位矩阵中除对角线元素为 1 外，其余元素全部为 0。首先声明一个二维数组并全部初始化为 0，然后使用循环语句把对角线元素赋值为 1 即可。

源代码：

```
01 #include <stdio.h>
02 int main()
03 {
04     int i, j, a[10][10] = {0};
05     for(i = 0; i < 10; i++)
06     {
07         for(j = 0; j < 10; j++)
08         {
09             if(i == j)
10             {
11                 a[i][j] = 1;
12             }
13             printf("%d ", a[i][j]);
14         }
15         printf("\n");
16     }
17
18     return 0;
19 }
```

运行结果：

```
1 0 0 0 0 0 0 0 0 0
0 1 0 0 0 0 0 0 0 0
0 0 1 0 0 0 0 0 0 0
0 0 0 1 0 0 0 0 0 0
0 0 0 0 1 0 0 0 0 0
0 0 0 0 0 1 0 0 0 0
0 0 0 0 0 0 1 0 0 0
0 0 0 0 0 0 0 1 0 0
0 0 0 0 0 0 0 0 1 0
0 0 0 0 0 0 0 0 0 1
```

【例 7-6】输入正整数 n（n≤6），按照如下形式输出 n 阶杨辉三角形。当 n=5 时，输出效果如下，注意数字之间有一个空格且行末没有空格。

```
1
1 1
1 2 1
```

```
1 3 3 1
1 4 6 4 1
1 5 10 10 5 1
```

例题分析：由于 n≤6，因此可以声明一个二维数组 a[7][7]，二维数组每一行的首元素都是 1，可以考虑采用如下初始化方式。

```
int a[7][7] = {{1}, {1}, {1}, {1}, {1}, {1}, {1}};
```

还可以把其他元素全部清 0。

最后注意按规定格式输出。

源代码：

```
01 #include <stdio.h>
02 int main()
03 {
04     int i, j, n, a[7][7] = {{1}, {1}, {1}, {1}, {1}, {1}, {1}};
05     scanf("%d", &n);
06     printf("1\n");
07     for(i = 1; i <= n; i++)
08     {
09         printf("1");
10         for(j = 1; j <= i; j++)
11         {
12             a[i][j] = a[i - 1][j - 1] + a[i - 1][j];
13             printf(" %d", a[i][j]);
14         }
15         printf("\n");
16     }
17
18     return 0;
19 }
```

运行结果：

```
6↙
1
1 1
1 2 1
1 3 3 1
1 4 6 4 1
1 5 10 10 5 1
1 6 15 20 15 6 1
```

7.3 字符数组和字符串

C 语言中字符数组和字符串的关系非常密切，它是将字符串作为字符数组来处理的。

7.3.1　字符数组的定义和引用

一维字符数组的定义、引用和其他类型的一维数组一样，只不过它的数组元素类型为字符。字符数组也有数组的特性。

在 C89 中，编译器必须最少支持 509 个字符长的字符串字面量。C99 中把最小长度增加到了 4095 个字符。字符串有一个结束标志'\0'，字符'\0'的 ASCII 码值为 0。再次强调，在进行字符串相关编程时，务必记得字符串必须有结束符'\0'。例如，字符串"Happy"其实由 6 个字符组成，分别是'H'、'a'、'p'、'p'、'y'与'\0'。在计算字符串长度时，不包含'\0'，但在计算字符串占用内存空间时，应该把'\0'占用的字节计算在内。例如，字符串"Happy"的长度为 5，占用 6 字节。

```
printf("%d,%d", strlen("Happy"), sizeof("Happy"));
```

strlen()是库函数，用于计算字符串长度。上述输出语句将输出"5,6"。字符串长度可为 0。

7.3.2　字符数组的初始化

C 语言没有专门的字符串类型，它用一维字符数组来存储字符串。由于字符数组和字符串之间的特殊关系，字符数组的初始化有些地方需要特别关注。

（1）当一维字符数组初始化时，未被赋值的元素自动用'\0'填充。例如：

```
char s[10] = {'C', 'h', 'i', 'n', 'a'};
```

字符数组 s 的前 5 个元素 s[0]～s[4]被依次赋值为'C'、'h'、'i'、'n'与'a'，而 s[5]～s[9]则被清 0，即用'\0'填充。

字符串一定以'\0'结尾，但字符数组元素的值不一定要有'\0'，例如：

```
char s[5] = {'C', 'h', 'i', 'n', 'a'};
```

由于字符数组 s 中就没有元素的值为'\0'，因此字符数组 s 中存储的就不是字符串。

（2）字符数组可以用字符串常量初始化。

程序中定义的字符串常量放在内存中的文字常量区。文字常量区中的内容可以被读取，但不能做增、删、改等操作。为了方便对字符串进行此类操作，需要把它存储到数组中。我们可以通过一维字符数组初始化的方式把字符串常量复制到字符数组。例如：

```
char s[10] = {"Happy"};
```

或者

```
char s[10] = "Happy";
```

由于字符串常量都有一个结束符'\0'，因此在声明一维字符数组时，要注意数组长度至少比字符串长度多 1。字符数组中未被赋值的其余元素自动填充'\0'。如果字符数组省略数组长度，例如：

```
char s[] = "Happy";
printf("%d", sizeof(s));
```

则上述代码运行时输出"6"，显示数组 s 的长度为 6，它包含结束符'\0'。

（3）二维字符数组可以用于存储多个字符串。例如：

```
char lang[][8] = {"Ada", "ALGOL", "BASIC", "C", "FORTRAN", "Java"};
```

这里需要注意的是，二维数组的列数要足够长，保证能存放最长的字符串，包括结束符

'\0'。二维字符数组 lang 的行数为 6，第 i 行，也就是第 i 个一维数组 lang[i]存放的是初值表中的第 i 个字符串。

7.3.3　字符数组的赋值

字符数组初始化时可以使用字符串常量，但是不能在赋值语句中用字符串常量直接赋给字符数组。例如：

```
char s[10];
s = "hello"; /*错误! */
```

这是因为，字符串常量返回的是该常量存储在内存空间中的首地址，而数组名 s 则是一个不可更改的地址常量，把一个地址赋给一个地址常量是不允许的。

字符数组可以用赋值语句单独对某个数组元素进行赋值，也可以使用循环语句对所有数组元素依次进行赋值。

7.3.4　使用字符数组编写程序

【例 7-7】输入一个以回车符为结束标志的字符串（少于 20 个字符），提取其中的所有数字字符，将其转换为一个十进制整数输出。

例题分析：声明一个整型变量 num 用于存放转换后的十进制数，如果字符串中的某个字符 str[i]是数字字符，则把它加到 num 数字的后面组成一个新的数。

源代码：

```
01 #include <stdio.h>
02 int main()
03 {
04     char str[20];
05     int i, num;
06     for(i = num = 0; (str[i] = getchar()) != '\n'; i++)
07     {
08         if(str[i] >= '0' && str[i] <= '9')
09         {
10             num = num * 10 + (str[i] - '0');
11         }
12     }
13     printf("%d\n", num);
14
15     return 0;
16 }
```

运行结果：

```
a12d34
1234
```

如果只要求输出正确，则遇到数字字符输出即可，程序可以更简单。

【例 7-8】输入一个字符，再输入一个以回车符结束的字符串（少于 80 个字符，且中间没有空白类字符），在字符串中查找该字符。如果找到，则输出该字符在字符串中所对应的最大下标，否则输出"Not Found"。

例题分析：字符串中可能有不止一个要找的字符，所以需要找到字符串结束为止。使用一个整型变量来存储字符串中出现该字符的位置。在字符串中从左向右查找，每找到一个字符就更新整型变量中存储的下标值。

源代码：

```c
01 #include <stdio.h>
02
03 int main()
04 {
05     char str[80], ch;
06     int i, j;
07     scanf("%c %s", &ch, str); /*注意这里%c 和%s 之间的空格，它可以过滤掉字符和
                                    字符串之间的空白类字符*/
08     for(i = 0, j = -1; str[i] != '\0'; i++)
09     {
10         if(str[i] == ch)
11         {
12             j = i;
13         }
14     }
15     if(j != -1)
16     {
17         printf("最大下标为%d\n",j);
18     }
19     else
20     {
21         printf("Not Found\n");
22     }
23
24     return 0;
25 }
```

运行结果：

```
l helloworld✓
最大下标为 8
k people✓
Not Found
i people's republic of china✓
Not Found
```

在第三组运行结果中，在使用 scanf()读取字符串时，读到空格符停止读入。因此，实际上只读入了 people's 字符串，而这个字符串里没有字符 i，因此输出"Not Found"。

7.4 数组和函数

数组作为函数参数有两种形式：一种是数组元素作为函数实参；另一种是数组作为函数参数，既可以作为形参，也可以作为实参。当数组作为函数参数时，传递的是数组首地址。

7.4.1 数组元素作为函数参数

当数组元素作为函数实参时，与变量作为函数实参一样，是单向值传递。

【例 7-9】输入一个以#为结束标志的字符串（少于 10 个字符），滤掉所有的非十六进制字符（不分大小写字母），组成一个新的十六进制的字符串，输出该字符串并将其转换为十进制数。

例题分析：编写一个 digit()函数专门处理把十六进制字符转化为对应的数字。每找到一个十六进制数字字符就把原来的十六进制数乘以 16 再加上该十六进制字符对应的十进制数。

源代码：

```
01 #include <stdio.h>
02
03 int digit(char ch) /*保证传进来的字符是'0'～'9', 'a'～'f'和'A'～'F'*/
04 {
05     if(ch >= '0' && ch <= '9')
06     {
07         return ch - '0';
08     }
09     else if(ch >= 'A' && ch <= 'F')
10     {
11         return ch - 'A' + 10;
12     }
13     else
14     {
15         return ch - 'a' + 10;
16     }
17 }
18
19 int main()
20 {
21     char str[10];
22     int i, num;
23     for(i = num = 0; (str[i] = getchar()) != '#'; i++)
24     {
25         if(str[i] >= '0' && str[i] <= '9' ||
26             str[i] >= 'A' && str[i] <= 'F' ||
```

```
27                  str[i] >= 'a' && str[i] <= 'f')
28          {
29              printf("%c", str[i]);
30              num = num * 16 + digit(str[i]); /*digit()函数的实参为数组元素*/
31          }
32      }
33      printf("\n%d\n", num);
34
35      return 0;
36 }
```

运行结果：

```
zy1+Ak0-b#↙
1A0b
6667
```

7.4.2　数组作为函数参数

【例 7-10】输入一个以回车符为结束标志的字符串（少于 80 个字符），判断该字符串是否是回文字符串。回文字符串是指字符串中心对称，如"noon"与"radar"都是回文字符串。

例题分析：由于要求字符串少于 80 个字符，因此可以声明一个 80 个元素的字符数组来存储字符串。我们可以通过判断字符串首尾对应位置字符是否都相等来判断回文字符串。

源代码：

```
01 #include <stdio.h>
02 /*s 是传入的字符串数组，len 是传入字符的长度*/
03 int palindrome(char s[], int len)
04 {
05      int i,j;
06      /*i 是字符串首字符下标，j 是字符串尾字符下标，通过 i 和 j 两个下标从字符串首尾两端
          同时向中间推进，逐一判断对应字符是否相等*/
07      for(i = 0, j = len - 1; i < j; i++, j--)
08      {
09          if(s[i] != s[j])        /*如果对应字符不等，则提前结束循环*/
10          {
11              break;
12          }
13      }
14      return i >= j;              /*如果 i>=j，则循环正常结束，表示是回文字符串*/
15 }
16
17 int main()
18 {
19      char str[80];
20      int i;
```

```
21      for(i = 0; (str[i] = getchar()) != '\n'; i++);/*逐个读入字符串并将其保存在
        str[i]中，注意这里 for 循环的循环体为空语句*/
22      str[i] = '\0';                /*把 str[i]中的'\n'换成字符串结束符'\0'*/
23
24      if(palindrome(str, i))        /*将字符数组 str 作为实参*/
25      {
26          printf("是回文字符串\n");
27      }
28      else
29      {
30          printf("不是回文字符串\n");
31      }
32
33      return 0;
34 }
```

运行结果：

```
radar✓
是回文字符串
helloworld✓
不是回文字符串
```

将函数中的第一个形参声明为 char s[]。当进行参数传递时，主调函数传递的是数组的首地址，数组元素本身并没有被复制到被调函数中。这里的形参 s 实际上是一个指针。只传递数组首地址到被调函数还不足以正确操作数组，一般还需要一个参数用于传递数组元素的个数。

判定回文字符串是一个明显的递归过程，因此本例题还可以使用递归函数实现。

源代码：

```
01 #include <stdio.h>
02
03 int palindrome(char s[], int start, int end)
04 {
05      if(start >= end)
06      {
07          return 1;
08      }
09      if(s[start] != s[end])
10      {
11          return 0;
12      }
13      return palindrome(s, start + 1, end - 1);
14 }
15
16 int main()
17 {
18      char str[80];
```

```
19        int i;
20        for(i = 0; (str[i] = getchar()) != '\n'; i++);
21        str[i] = '\0';
22
23        if(palindrome(str, 0, i - 1))
24        {
25            printf("是回文字符串\n");
26        }
27        else
28        {
29            printf("不是回文字符串\n");
30        }
31
32        return 0;
33 }
```

7.5　排序和查找

【例 7-11】冒泡排序。先输入一个正整数 n（1<n≤10），再输入 n 个整数，用冒泡排序将它们从小到大排序后输出。

例题分析：排序算法是非常重要的计算机基础算法。冒泡排序是通过重复遍历要排序的数据列，依次比较两个相邻的数据，如果顺序不符合要求就把它们进行交换。遍历数据的工作重复进行，直到没有相邻的数据需要交换，此时该数据列已经完成排序。之所以称为"冒泡排序"，是由于在进行从小到大排序时，小的数经过交换会慢慢从底下"冒"上来。

如果数据列中有 n 个数据，一般要经过 n-1 轮重复遍历，每轮遍历确定一个数的最终位置。假设有数组 a，它有 10 个整数值{7,3,66,3,-5,22,-77,2}，表 7-1 给出了在每次遍历后数组 a 中的元素。

表 7-1　冒泡排序每次遍历后数组 a 的元素

原 始 数 据	7	3	66	3	-5	22	-77	2
第 1 遍	3	7	3	-5	22	-77	2	66
第 2 遍	3	3	-5	7	-77	2	22	66
第 3 遍	3	-5	3	-77	2	7	22	66
第 4 遍	-5	3	-77	2	3	7	22	66
第 5 遍	-5	-77	2	3	3	7	22	66
第 6 遍	-77	-5	2	3	3	7	22	66
第 7 遍	-77	-5	2	3	3	7	22	66

在第一轮遍历开始时，首先把 a[0]和 a[1]做比较，由于它们不符合次序要求，因此把它们进行交换；其次把 a[1]和 a[2]做比较，由于它们符合次序要求，因此它们就不用交换；再次把 a[2]和 a[3]做比较，依次类推，直到比较完 a[6]和 a[7]。第一轮遍历的效果是把数组中

的最大元素 66 "冒泡" 到 a[7]。在第二轮遍历时，就不需要再比较 a[7]，只需要对 a[0]~a[6] 中的元素进行两两比较。第二轮遍历把原来序列中第二大的元素放到 a[6]。如此重复操作 7 轮后，冒泡排序就完成了所有元素的排序。

源代码：

```
01 #include <stdio.h>
02
03 void bubble_sort(int a[], int n)
04 {
05     int i,j,t;
06     for(i = 0; i < n - 1; i++)
07     {
08         for(j = 0; j < n – i - 1; j++)
09         {
10             if(a[j] > a[j + 1])
11             {
12                 t = a[j], a[j] = a[j + 1], a[j + 1] = t;
13             }
14         }
15     }
16 }
17
18 int main()
19 {
20     int i, n, a[8];
21     scanf("%d", &n);
22     for(i = 0; i < n; i++)
23     {
24         scanf("%d", &a[i]);
25     }
26     bubble_sort(a, n);
27     for(i = 0; i < n; i++)
28     {
29         printf("%d ", a[i]);
30     }
31     return 0;
32 }
```

运行结果：

```
8
7 3 66 3 -5 22 -77 2✓
-77 -5 2 3 3 7 22 66
```

从表 7-1 可以看到，在排序过程中，不一定要做满 7 轮的遍历才能完成排序。实际上，表 7-1 中只要进行 6 轮遍历就已经完成排序。我们可以检查每一轮遍历中是否发生数据交换。

如果没有发生数据交换，就说明数据列已经完成排序，此时可以提前结束排序。我们可以对上述排序算法做如下改进。

源代码：

```
01 void bubble_sort(int a[], int n)
02 {
03     int i, j, t, change;
04     for(i = 0; i < n - 1; i++)
05     {
06         for(j = change = 0; j < n - i - 1; j++)
07         {
08             if(a[j] > a[j + 1])
09             {
10                 t = a[j], a[j] = a[j + 1], a[j + 1] = t;
11                 change = 1;
12             }
13         }
14         if(change == 0)
15         {
16             return;
17         }
18     }
19 }
```

我们再来看另一种排序算法：选择排序。它与冒泡算法的区别在于每轮遍历都是固定一个位置，找出数据列中最小的数据与该位置的数据进行交换。每轮遍历也会确定一个数的位置。例如，第一轮遍历会把最小的数放到 a[0] 中，第二轮遍历会把次小的数放到 a[1] 中，如此重复操作，直到完全排序。

源代码：

```
01 void select_sort(int a[], int n)
02 {
03     int i, j, t, index;
04     for(i = 0; i < n - 1; i++)
05     {
06         for(index = i, j = i + 1; j < n; j++)
07         {
08             if(a[j] < a[index])
09             {
10                 index = j;
11             }
12         }
13         t = a[index], a[index] = a[i], a[i] = t;
14     }
15 }
```

选择排序和冒泡排序的排序效率都不高。此外，冒泡排序是稳定的排序算法，选择排序是不稳定的排序算法。稳定的排序算法是指原序列中两个值相等的数据在排序前后相对位置保持不变。排序算法的稳定性在数值相等的数据需要依赖原始顺序排序的情况下十分有用。例如，输入单位职工姓名并按年龄排序，如果姓名相同，则按输入顺序排序。在数据量不大的情况下，选择排序和冒泡排序算法简单易写，使用广泛。在数据量较大，且数值大小分布随机的情况下，使用快速排序等算法效率较高。

【例 7-12】二分查找法。设已有一个 n（$1 \leqslant n \leqslant 10$）个元素的整型数组 a，且按值从小到大有序排列。首先输入一个整数 x，然后在数组中查找 x，如果找到，则输出相应的下标，否则，输出"Not Found"。

例题分析：二分查找法又被称为"折半查找"，其优点是对于大数组来说，其查找效率较高，缺点是数组中的元素必须事先排序。

假设数组中的元素已经按升序排列。将要查找的关键字与数组中间元素进行比较，比较结果有以下 3 种情况。

（1）如果关键字小于中间元素，则在数组的前半部分（小于中间元素的那一半中）进行查找，且从该部分数组的中间元素开始比较。

（2）如果关键字与中间元素相等，则查找结束，找到匹配的数组元素。

（3）如果关键字大于中间元素，则在数组的后半部分（大于中间元素的那一半中）进行查找，且从该部分数据的中间元素开始比较。

每经过一次查找，二分查找就会将查找范围缩小一半。假设数组元素个数为 n，使用二分查找法，最坏情况下需要 $\log_2 n + 1$ 次比较就能得到结果。

用 low 和 high 分别表示当前要查找的数组的首下标和尾下标，low 的初始值为 0，high 的初始值为 n-1。用 mid 表示数组中间元素的下标，mid 的值为(low+high)/2。

二分查找的源代码：

```
01 #include <stdio.h>
02
03 int binary_search(int a[], int key, int low, int high)
04 {
05     int mid;
06     while(low <= high)
07     {
08         mid = (low + high) / 2;
09         if(key == a[mid])
10         {
11             break;
12         }
13         else if(key < a[mid])
14         {
15             high = mid - 1;
16         }
17         else
```

```
18          {
19              low = mid + 1;
20          }
21      }
22      if(low <= high)
23      {
24          return mid;
25      }
26      return -1;
27 }
28
29 int main()
30 {
31      int pos, x, a[10] = {1, 2, 3, 4, 5, 6, 7, 8, 9, 10};
32      scanf("%d", &x);
33      pos = binary_search(a, x, 0, 9);
34      if(pos != -1)
35      {
36          printf("%d 在数组下标%d 处\n", x, pos);
37      }
38      else
39      {
40          printf("%d 不在数组中\n", x);
41      }
42      return 0;
43 }
```

运行结果：

8✓

8 在数组下标 7 处

二分查找也可以改写成递归算法。

源代码：

```
01 int binary_search(int a[], int key, int low, int high)
02 {
03      int mid = (low + high) / 2;
04      if(low > high)
05      {
06          return -1;
07      }
08      if(key == a[mid])
09      {
10          return mid;
11      }
12      else if(key < a[mid])
```

```
13      {
14          return binary_search(a, key, low, mid - 1);
15      }
16      else
17      {
18          return binary_search(a, key, mid + 1, high);
19      }
20  }
```

查找与排序一样，都是程序设计中常用的基本算法。查找可以在数组元素中从头到尾进行遍历，这种做法就是顺序查找，但其效率不高。使用二分查找法可以极大地提高查找效率，但前提是数组元素必须进行排序。

7.6 字符串格式化输入/输出函数

sscanf()函数和 sprintf()函数是处理字符串问题的常用工具。相较于 scanf()函数和 printf()函数来说，sscanf()函数和 sprintf()函数并不用于与外部设备之间进行数据传输，而用于实现数据与字符串之间的转换，但两者的用法非常类似。

（1）sscanf()函数用于将数据从字符数组中按规定格式读入变量中，其语法格式如下：

```
sscanf(const char *buffer, 格式控制字符串, 输入项表);
```

其中，格式控制字符串和输入项表的用法与 scanf()函数类似。例如：

```
01 #include <stdio.h>
02 int main()
03 {
04     int n;
05     double d;
06     char str1[20] = "456;12.3;beauty";
07     char str2[20];
08     sscanf(str1, "%d;%lf;%s", &n, &d, str2);
09     printf("n=%d,d=%lf,str2=%s\n", n, d, str2);
10     return 0;
11 }
```

运行结果：

```
n=456,d=12.300000,str2=beauty
```

（2）sprintf()函数用于将变量中的数据按照规定格式输出到字符数组中，其语法格式如下：

```
sprintf(const char *buffer, 格式控制字符串, 输出项表);
```

其中，格式控制字符串和输出项表的用法与 printf()函数类似。例如：

```
01 #include <stdio.h>
02 int main()
03 {
04     int n = 12;
05     double d = 3.141;
```

```
06      char str1[20];
07      char str2[20] = "hello";
08      sprintf(str1, "%d;%.2lf;%s", n, d, str2);
09      printf("%s\n", str1);
10      return 0;
11  }
```
运行结果：
```
12;3.14;hello
```

7.7 可变长数组

数组长度一般是整型常量。在 C99 中，有时数组长度也可以使用非常量表达式。例如：
```
int n;
scanf("%d", &n);
int a[n];
```
这里的数组 a 就是一个可变长数组。可变长数组的长度是在程序执行时计算得到的，而不是在编译时得到的。数组 a 的长度由用户输入而不是由程序员指定一个固定的值。

可变长数组也可以是多维的。例如：
```
int m,n;
scanf("%d%d", &m, &n);
int a[m][n];
```
可变长数组的长度可以是整型变量或任意含有变量的整型表达式。程序在运行时可以准确计算出所需的数组长度。

可变长数组可以作为函数参数。如果要在数组参数中指明数组长度，则此时参数的顺序很重要，表示数组长度的参数必须写在数组前面。例如：
```
void fun(int n, int a[n])
{
    …
}
```
函数头写成 void fun(int a[n], int n)就是错误的。

可变长数组不可以进行初始化，也不存在静态可变长数组。

7.8 本章小结

本章详细介绍了一维数组、二维数组及字符数组的定义、初始化与使用。必须重视这些数组的初始化及其在解题中的使用。

C 语言没有专门的字符串类型，它使用字符数组来存储字符串。字符串和字符数组关系密切，有联系但又不是一回事。字符串有结束符'\0'，它不包含在字符串长度中，但在计算字符串占用内存字节数时，必须加上它。字符数组还可以使用字符串来初始化。

　　当数组元素为基本数据类型时，它作为函数参数进行的是值传递。如果用数组名作为函数参数，在函数调用时进行的是地址传递。此时在函数中改变数组元素的值，也就相当于修改了外面作为实参的数组元素的值。

　　查找和排序是两种非常重要的基本算法。本章主要介绍了冒泡排序、选择排序及二分查找算法。冒泡排序与选择排序两种算法效率不高，但代码简单，适用于数据量不大的排序场合。冒泡排序是稳定的排序算法。使用二分查找算法的前提是数据要有排序。

　　最后介绍了字符串格式输入/输出函数 sscanf()和 sprintf()的使用，以及可变长数组的使用。sscanf()和 sprintf()两个函数的用法与 scanf()和 printf()两个函数的用法类似，但不是输入/输出到键盘/显示屏，而是输入/输出到字符数组中。可变长数组不能初始化，也不存在静态可变长数组。

习题 7

1. 以下哪些语句是正确的？

```
int intArray1[10];
int intArray2[];
char[10] charArray;
double doubleArray[] = {2.2, 3.3, 4.4, 5.6};
double doubleTwoArray1[3][2];
double doubleTwoArray2[][2];
int fun(int[][] a, int row, int column);
int fun(int a[][], int row, int column);
int fun(int a[][3], int row);
int fun(int a[row][column], int row, int column);
```

2. 计算器、电子手表和其他电子设备经常依靠七段显示器进行数值输出。为了组成数字，这类设备需要"打开"7 个显示段中的某些部分，同时"关闭"其他部分，如图 7-1 所示。假设需要设置一个数组来记住显示每个数字时需要"打开"的显示段，各显示段的编号如图 7-2 所示。

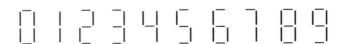

图 7-1　七段显示器表示 0～9 十个数字　　　　　图 7-2　显示段及其编号

下面是数组的可能形式，每一行表示一个数字：

```
const int segments[10][7] = {{1, 1, 1, 1, 1, 1, 0}, ...};
```

上面已经给出了初始化式的第一行，请填充余下的部分。

3. 写出以下程序的运行结果。

```
#include <stdio.h>
int main()
{
```

```
    int a[10] = {1, 2, 3, 4, 5, 6, 7, 8, 9, 10};
    printf("%d\n", a[a[7] / a[1]]);
    return 0;
}
```

4. 写出下列程序的运行结果。

```
#include <stdio.h>
int main()
{
    int i, k = 5, a[10], p[3];
    for(i = 0; i < 10; ++i)
        a[i] = i;
    for(i = 0; i < 3; ++i)
        p[i] = a[i * (i + 1)];
    for(i = 0; i < 3; ++i)
        k += p[i] * 2;
    printf("%d\n", k);
    return 0;
}
```

5. 写出以下程序的运行结果。

```
#include <stdio.h>
int main()
{
    int i, j, s1 = 0, s2 = 0;
    for(i = 0; i < 3; ++i)
    {
        for(j = 0; j < 3; ++j)
        {
            if(i == j)
                s1 += a[i][j];
            if(i + j == 2)
                s2 += a[i][j];
        }
    }
    printf("%d#%d\n", s1, s2);
    return 0;
}
```

6. 写出以下程序的运行结果。

```
#include <stdio.h>
void m(int x, int y[])
{
    x = 3;
    y[0] = 3;
}
```

```
int main()
{
    int x = 0;
    int y[1];
    m(x, y);
    printf("%d#%d\n", x, y[0]);
    return 0;
}
```

7. 写出以下程序的运行结果。

```
#include <stdio.h>
int main()
{
    int a[5] = {1, 1};
    int i, j;
    printf("%d %d\n", a[0], a[1]);
    for(i = 1; i < 4; i++)
    {
        a[i] = a[i - 1] + a[i];
        a[i + 1] = 1;
        for(j = 0; j <= i + 1; j++)
            printf("%d", a[j]);
        printf("\n");
    }
    return 0;
}
```

8. 写出以下程序的运行结果。

```
#include <stdio.h>
int main()
{
    int a[10] = {1, 2, 3, 4, 5, 6, 7, 8, 9, 10};
    int b[10] = {10, 9, 8, 7, 6, 5, 4, 3, 2, 1};
    int i, j;
    for(i = 1, j = 9; i < 10 && j > 0; i += 2, j -= 3)
        printf("a[%d]*b[%d]=%d\n", a[i], b[j], a[i] * b[j]);
    return 0;
}
```

9. 写出以下程序的运行结果。

```
#include <stdio.h>
int main()
{
    int i, a[10] = {1, 2, 3, 4, 5, 6, 7, 8, 9, 10}, temp;
    temp = a[9];
    for(i = 9; i; i--)
```

```
        s[i] = a[i - 1];
    a[0] = temp;
    for(i = 0; i < 10; i++)
        printf("%d ", a[i]);
    return 0;
}
```

10. 在 C 语言中引用数组元素时，其数组下标的数据类型允许是（　　　）。

    A．整型常量 　　　　　　　　　　B．整型表达式

    C．整型常量或整型表达式 　　　　D．任何类型的表达式

11. 以下对一维数组 a 中的所有元素进行正确初始化的是（　　　）。

    A．int a[10] = (0, 0, 0, 0); 　　　　B．int a[10] = {};

    C．int a[] = (0); 　　　　　　　　D．int a[10] = {10 * 2};

12. 对于二维数组 a[2][3] 来说，元素 a[1][2] 是数组的第（　　　）个元素。

    A．3　　　　　　　B．4　　　　　　　C．5　　　　　　　D．6

13. 如果已定义 "int a[20];"，则对 a 数组元素的正确引用是（　　　）。

    A．a[20]　　　　　B．a[3.5]　　　　　C．a(5)　　　　　D．a[10 - 10]

14. 如果已定义 "int a[3][4];"，则对 a 数组元素的正确引用是（　　　）。

    A．a[2][4]　　　　B．a[1, 3]　　　　　C．a[1 + 1][0]　　　D．a(2)(1)

15. 字符串"I am a student."在存储单元中占（　　　）字节。

    A．14　　　　　　　B．15　　　　　　　C．16　　　　　　　D．17

16. 在执行 "int a[][3] = {{1, 2}, {3, 4}};" 语句后，a[1][2] 的值是（　　　）。

    A．3　　　　　　　B．4　　　　　　　C．0　　　　　　　D．2

17. 下面程序段的运行结果是（　　　）。

```
char c[5] = {'a', 'b', '\0', 'c', '\0'};
printf("%s", c);
```

    A．'a"b'　　　　　B．ab　　　　　　　C．ab c　　　　　　D．a,b

18. 下面程序段的运行结果是（　　　）。

```
char c[] = "\t\v\\\0will\n";
printf("%d", strlen(c));
```

    A．14　　　　　　　　　　　　　　B．3

    C．9　　　　　　　　　　　　　　D．字符串内有非法字符，输出值不确定

19. 在 C 语言中，字符串不能存放在一个变量中，而是存放在一个_____中。

20. 如果已定义 "char s[12] = "string";"，则使用 "printf("%d\n", strlen(s));" 语句的输出结果是_____。

21. 如果在程序中使用 putchar() 函数，则应该在程序开头写上文件包含命令_____。

22. 以下程序是求矩阵 *a*、*b* 的乘积，结果存入矩阵 *c* 中并按矩阵形式输出。请填空。

```
#include <stdio.h>
int main()
{
    int a[3][2] = {2, -1, -4, 0, 3, 1};
```

```
        int b[2][2] = {7, -9, -8, 10};
        int i, j, k, s, c[3][2];
        for(i = 0; i < 3; i++)
            for(j = 0; j < 2; j++)
            {
                for(_____; k < 2; k++)
                    s += _____;
                c[i][j] = s;
            }
        for(i = 0; i < 3; i++)
        {
            for(j = 0; j < 2; j++)
                printf("%6d ", c[i][j]);
            _____;
        }
        return 0;
    }
```

23. 编写程序，将一个数插入有序的数列中，插入后的数列仍然有序。

24. 编写程序，如果已定义 "int a[2][3]={{1,2,3},{4,5,6}};"，将数组 a 中行和列的元素互换后存入另一个二维数组 b 中。

25. 编写程序，在 5 行 7 列的二维数组中查找第一次出现的负数。

26. 编写程序，从键盘上输入 60 个字符，求相邻字母对（如 ab）出现的频率。

27. 编写程序，将字符串 str 中的所有字符 k 删除。

28. 编写程序，输入一个正整数 n（1<n≤1000），再输入 n 个整数，分析每个整数的每一位数字，求出现次数最多的数字。例如，输入 3 个整数 1234、2345、3456，其中出现次数最多的数字是 3 和 4，均出现了 3 次。

29. 编写程序，输入一个以回车结束的字符串（少于 80 个字符），统计并输出其中大写辅音字母的个数。大写辅音字母是指除'A'、'E'、'I'、'O'与'U'外的大写字母。

30. 编写程序，输入一个以回车结束的字符串（少于 80 个字符），将其中大写字母用下面列出的对应大写字母替换，其余字符不变，输出替换后的字符串。

```
原字母        对应字母
A---------->Z
B---------->Y
C---------->X
D---------->W
......
X---------->C
Y---------->B
Z---------->A
```

31. 编写程序，输入两个字符串，每个字符串中间没有空格，且不超过 10 个字符，请把这两个字符串合并后按每个字符的 ASCII 码顺序输出，注意不能输出重复字符。例如，输入 abc 和 aaa，输出 abc。

32. 大林带了一串数字来到中国旅行，在这过程中免不了要拍合照。他发现中国式的排位挺有意思，于是就想按照中式排位顺序拍合照。中式排位顺序是这样的：①当排序数据个数为单数时，最大的数居中，次大的数在最大数的右手位置，第三大数在最大数的左手位置，如 1 3 5 7 6 4 2；②当排序数据个数为偶数时，最大的数和次大的数依然居中，次大的数在最大数的右手位置，第三大数在最大数的左手位置，如 2 4 6 8 7 5 3 1。编写程序，输入一系列数据，请按中式排位顺序输出这些数据。

33. 为了便于认读采用阿拉伯数字书写的多位数，按照国家标准《有关量、单位和符号的一般规则》，对于小数点前或后超过 3 位的数字，必须将数字从小数点起，向左和向右分成每三位一组（节），组与组之间用逗号隔开。编写程序，将数字分节输出，如输入"1234.4321"，输出"1,234.432,1"。

第8章 指针

本 章 要 点

- 指针的基本概念。
- 字符串和字符指针。
- 指针数组和数组指针。
- 指针函数和函数指针。
- 二级指针。
- 常用字符串处理函数。
- 动态内存分配。

指针是 C 语言中的一个重要概念，也是 C 语言非常重要的特性。正确灵活地运用指针可以使程序简洁、紧凑、高效。它可以对复杂的数据进行处理，能对计算机内存分配进行控制，在函数调用中还能返回多个值。指针功能虽然强大，但如果指针使用不当，也很容易产生严重而且隐蔽性很强的错误。指针是一把双刃剑，但它是 C 语言的灵魂和精华。我们必须掌握使用指针的正确方法，不理解指针的工作原理就不能很好地理解 C 语言程序。

8.1　地址和指针

计算机的内存是一个以字节为单位元素的超长的一维数组。内存中的每个字节都有一个编号，这个编号就是内存地址。内存地址通常用十六进制数来表示。虽然内存地址也是一个整数值，但是内存地址的取值范围可能不同于整数的取值范围，所以不能用整型变量来存储内存地址，必须要有一个新的数据类型来存储它。

现在大家都已知道，C 语言的运行过程需要经过预处理（Preprocessing）、编译（Compilation）、汇编（Assemble）、链接（Linking）等几个阶段。当定义"int x;"时，编译器分配 4 字节的内存，并把这 4 字节的内存空间命名为 x（变量名）。程序在编译时，会维护一个变量名与其内存地址对应的表。当我们在使用变量名 x 时，就是在使用这 4 字节的内存空间，把存储在该空间中的值（内容）取出来参与运算。例如，5342 是一个整型常量，编译程序时存储在程序的常量区，当执行 x=5342 时，把 5342 从常量区复制到变量 x 所在的 4 字节空间中，完成赋值操作。此时变量名、变量内存地址及变量中存储的数值如图 8-1 所示。在汇编阶段时，就已经没有变量名，得到的汇编指令中所有的变量名都变成了内存地址，汇编指令操作的是各种寄存器与内存地址。变量名仅存储在编写的源代码中。

要使用内存单元的内容 5342，有两种方法：一种通过变量名 x 直接访问，另一种通过内存地址间接访问。前一种使用方法在前文中已经广泛使用。本章将重点介绍后一种使用方法。

数据在内存中的地址也称为"指针"。专门存储数据内存地址的变量称为"指针变量"。与整型变量的值是一个整数，字符变量的值是一个字符类型，指针变量的值是某个数据的内存空间的起始地址（首地址）。这个数据通常不止占用 1 字节的内存，它可以是数组、字符串、函数，也可以是另一个普通变量或指针变量。

变量的内存空间是由系统分配的，我们事先无法得知变量内存地址。因此，我们需要定义一个指针变量 p，通过 p 里面保存的内存地址 0x60fef8 找到变量 x，该变量以该地址为起始地址，占用连续内存地址为 0x60fef8、0x60fef9、0x60fefa、0x60fefb 的 4 字节，并访问其内容 5342。通过一个指针变量 p 来访问变量 x，这就是间接访问的含义，其示意图如图 8-2 所示。

图 8-1　变量和地址　　　　　图 8-2　指针与变量之间关系的示意图

指针是一种新的数据类型，专门用来存放内存地址。指针类型一般占用 4 字节，不同的编译器可能有所不同。图 8-2 中的指针变量 p 也占用 4 字节内存，与整型变量 x 的内存首地址 0x60fef8 一样，它也有自己的内存首地址。

如果一个指针变量的值是另一个变量的地址，就称该指针变量指向那个变量。在图 8-2 中，由于指针变量 p 存放了变量 x 的地址，因此可以称指针变量 p 指向变量 x。

指针和指针变量在含义上是有所不同的。但在许多场合中，如果未加特别声明，我们就可以把指针变量简称为"指针"。

8.2　指针变量的定义和初始化

定义指针变量的语法格式如下：
```
类型名 *指针变量名;
```
类型名为指针变量所指向变量的类型。*为指针声明符，表示跟在它后面的变量是一个指针变量。例如：
```
int *p;
```
在一行定义多个指针变量时，每个指针变量前面都必须添加指针声明符*。例如：
```
double *dp1, *dp2;
```
无论是哪一种类型的指针，它们都是用来保存地址的，所占用的字节数都是固定不变的。在 CodeBlocks 中，下面语句的输出结果是 4。
```
printf("%d %d %d %d\n", sizeof(char *), sizeof(int *), sizeof(double *),
sizeof(short *));
```

与其他类型变量类似，在定义指针变量时，可以同时对它进行初始化。例如：

```
int d = 3, *p = &d;
```

上述代码声明了一个整型变量 d 和整型指针变量 p，并分别对它们进行初始化。把整型变量 d 初始化为 3，使用取地址运算符&取到整型变量 d 的地址，并把整型指针变量 p 初始化为同类型的整型变量 d 的地址。

指针变量还可以初始化为初值 0 或 NULL。常量 NULL 在 stdio.h 中定义，在大多数系统中，指针变量的初值都是 0，它表示不指向任何数据的指针。可以将 NULL 或 0 初始化给任意类型的指针，表示该指针为空。C 语言的空指针不指向任何单元。例如：

```
int *p1 = 0, *p2 = NULL;
```

指针变量还可以初始化为同类型的指针的值。例如：

```
int d, *p1 = &d, *p2 = p1;
```

变量 p1、p2 都是整型指针变量，因此可以把 p2 初始化为指针 p1 的值。

8.3　指针基本运算

如果指针的值是某个变量的地址，则通过指针能间接访问这个变量，这些操作由取地址运算符&和间接运算符*完成。相同类型的指针还能进行赋值、比较和算术运算。

8.3.1　取地址运算和间接运算

为了使用指针，C 语言专门提供了一对运算符：取地址运算符&和间接运算符*。如果 x 是变量，&x 就是变量 x 的内存地址；如果 p 是指针，*p 就是指针 p 当前所指向变量的值。

在使用指针变量之前，必须给指针变量一个合法的地址。取地址运算符&用于获取变量的地址，可以使用它给指针变量赋一个变量的地址。例如：

```
int x = 3, *p;
p = &x;
```

把变量 x 的地址赋给整型指针变量 p，使指针变量 p 获得一个合法的地址。一旦指针指向了某个变量，就可以使用间接运算符*访问该变量的值。在程序中，*除了被当作乘法运算符、指针声明符用于定义指针，还可以用于访问指针所指向的变量，此时被称为"间接运算符"。如果指针 p 指向整型变量 x，则*p 是指变量 x，改变*p 与改变 x 一样。例如：

```
int a = 3, *p = &a;
*p = *p * 4;
```

上述代码中的*共出现了 4 次，第一行的*出现在变量声明中，它是指针声明符，表示后面的 p 是一个指针变量。第 2 个"*"与第 3 个*是间接运算符，*p 就是指指针 p 指向的整型变量 a。最后一个*是乘法运算符，最终变量 a 的值为 12。

取地址运算和间接运算互为逆运算。如果 a 是整型变量，则*&a 的运算结果为 a，这里*&a 不能写成&*a，因为对整型变量 a 做间接运算无意义。如果 a 是指针，则&*a 的运算结果也是 a，但这里写成*&a 是可以的，因为指针变量 a 也有地址。表 8-1 所示为取地址运算符与间接运算符及其说明。

表 8-1　取地址运算符和间接运算符及其说明

运 算 符	名　　称	类　　型	优 先 级	结 合 性
&	取地址运算符	单目	2	右结合
*	间接运算符			

【例 8-1】输入两个整数 a 和 b，按从大到小的顺序输出 a 和 b。

例题分析：这是一个很常见且简单的例题，使用指针也可以完成该例题。声明两个指针，使它们分别指向两个整数，交换指针而不用复制数据更有利于提高程序的运行效率。

源代码：

```
01 #include <stdio.h>
02 int main()
03 {
04     int a, b, *p, *p1 = &a, *p2 = &b;
05     scanf("%d%d", &a, &b);
06     if(a < b)
07     {
08         p = p1, p1 = p2, p2 = p;
09     }
10     printf("a=%d,b=%d\n", a, b);
11     printf("max=%d,min=%d\n", *p1, *p2);
12     return 0;
13 }
```

运行结果：

```
10 20↙
a=10,b=20
max=20,min=10
```

8.3.2　赋值运算

定义指针后，在使用之前必须赋给它一个合法的地址。与指针初始化一样，我们可以使用赋值语句把 0 或 NULL、相同类型变量的地址及相同类型的指针的值赋给指针。例如：

```
int a = 3, *p1, *p2, *p3;
p1 = &a;
p2 = p1;
p3 = NULL;
```

赋值后，指针 p1、p2 保存的地址都是合法变量 a 的地址，最终这两个指针都指向同一个整型变量 a。我们可以在赋值语句中把 0 或 NULL 赋给任意类型的指针变量，如整型指针 p3，由于 p3 没有指向合法地址，此时 p3 还不能被使用。

8.3.3　比较运算

指针可以用标准的关系运算符来进行比较不同地址在内存中的先后顺序。在通常情况下，比较指针没什么作用。当不同指针指向不同数组元素时，比较结果用来判断数组元素的相对顺序。

8.3.4 算术运算

指针可以进行 4 种算术运算：++、--、+、-。对指针进行*、/、%等运算没有意义。

指针在做自增/自减运算时所移动的字节数取决于指针所指向变量数据类型的长度。例如，整型指针在做自增/自减运算时移动 4 字节，字符型指针在做自增/自减运算时移动 1 字节。

指针可以与整型常量做加/减法运算。以加法为例，指针加上一个整型常量，移动的字节数等于整型常量与指针所指向变量数据类型长度的乘积。例如：

```
int a, *p = &a;
```

如果 k 为整型常量，则 p + k 所增加的字节数等于 k * sizeof(int)。

在指针的自增/自减，以及与整型常量的加/减法运算中，观察指针移动的字节数来判断指针的类型。

同类型指针之间可以做减法运算，其结果为这两个指针之间间隔的数据个数。当两个指针做减法运算时，在通常情况下让这两个指针指向数组的不同元素。例如：

```
int a[10], *p1 = &a[0], *p2 = &a[5];
```

p2-p1 的值为 5，表示 p2 和 p1 之间间隔的数据元素个数。

同样都是优先级为 2 的单目运算符，如果自增运算符++和间接运算符*都出现在表达式中，例如：

```
int a = 1, x, *p = &a;
x = *p++;
```

则在上述第二行代码中共出现 3 个运算符：=、*和++。其中*和++的优先级都为 2，=优先级为 14，*和++的优先级高且相等，又都是右结合性，所以该语句添加括号后最终可写为"x = (*(p++));"，++在变量 p 后面，先用后加，先把 p 取出来参与运算，把*p 赋给 x，指针 p 再加 1。需要注意的是，(*p)++和*(p++)是不同的。

8.4 通用指针

空类型（void 类型）。严格来讲，void 并不是一个真正的数据类型，因为不能声明 void 类型的变量。void 类型主要应用于函数。如果一个函数没有返回值，则该函数类型为 void；如果一个函数不需要接收输入数据，则其形参表为 void。

相同类型的指针变量之间可以相互赋值，不同类型的指针变量之间不能直接赋值，必须使用强制类型转换。例如：

```
int *pInt;
double *pDouble;
pInt = pDouble;              /*错误，直接赋值*/
pInt = (int *)pDouble;       /*正确，强制类型转换后进行赋值*/
```

在通常情况下，指针包含两方面的信息：内存地址值和所指向的变量的类型。但有时指针可以仅包含内存地址值而不包含所指向变量的类型，这种指针就是指向 void 类型的指针，即 void 指针，又被称为"通用指针"。

void 指针可以指向任何类型的变量，任何类型的指针都可以直接赋值给 void 指针。void 指针对所指向变量的数据类型没有要求，它可以用来代表任何类型的指针。例如：

```
int x = 88;
int *pInt = &x;
void *v;                    /*通用指针*/
v = pInt;                   /*直接将整型指针赋给 void 指针*/
v = &x;                     /*直接将整型变量的地址赋给 void 指针*/
```

反之，void 指针不能直接赋给其他类型的指针，必须使用强制类型转换。例如：

```
pInt = v;                   /*错误，直接赋值*/
pInt = (int *)v;            /*正确，强制类型转换后赋值*/
```

不允许对 void 指针直接使用指针的间接运算符*，因为不知道 void 指针所指向的变量的数据类型，所以没有办法获取所指向的变量的值。必须使用强制类型转换。例如：

```
printf("%d\n", *v);         /*错误*/
printf("%d\n", *(int *)v);   /*正确，必须使用强制类型转换*/
```

虽然有时指针类型转换可以发挥作用，但是应该尽量避免写出这样的代码。

8.5　使用 const 修饰指针

在声明指针时，指针本身及指针所指向的变量的值都可以是常量。究竟谁是常量，可以由 const 的位置决定。

8.5.1　const 在指针声明符*的左边

如果 const 出现在指针声明符*的左边，则表示 const 修饰的是指针所指向的变量。此时指针所指向变量的值不能修改，而指针本身的值是可以修改的。例如：

```
int x = 126, y = 163;
const int *pInt = &x;
*pInt = 88;                 /*错误，试图通过指针 pInt 修改变量 x 的值*/
pInt = &y;                  /*正确，指针 pInt 可以重新指向变量 y*/
```

8.5.2　const 在指针声明符*的右边

如果 const 出现在指针声明符*的右边，则表示 const 修饰的是指针本身。此时指针本身的值不能修改，而指针所指向变量的值可以修改。例如：

```
int *const pInt = &x;
*pInt = 88;        /*正确，可以通过指针 pInt 来修改变量的值*/
pInt = &y;         /*错误，试图让指针 pInt 重新指向变量 y*/
```

在声明常量指针时必须给它赋初值。

8.5.3　const 同时出现在指针声明符*的左/右两边

如果 const 同时出现在指针声明符*的左/右两边,则表示 const 既修饰指针所指向的变量,也修饰指针本身。此时指针所指向的变量的值不能修改,指针本身的值也不能修改。例如:

```
const int *const pInt = &x;
*pInt = 88;       /*错误*/
pInt = &y;        /*错误*/
```

由于此时的指针是常量指针,因此必须给它赋初值。

8.6　指针作为函数参数

指针也可以作为函数的参数。当指针作为函数参数时,它所单向传递的值就是某个变量的地址。通过传递变量的地址,被调函数可以访问主调函数中的变量并改变该变量的值。这就是指针作为形参的特殊效果,它可以做到基本数据类型作为形参所做不到的事情——改变实参的值。

为了与之前的"值传递"有所区别,指针作为函数参数又称为"地址传递"。本质上"地址传递"也是"值传递",只不过它传递的值是变量地址。例如:

```
01 void swap1(int x, int y)
02 {
03     int t;
04     t = x, x = y, y = t;
05 }
06
07 void swap2(int *x, int *y)
08 {
09     int *t;
10     t = x, x = y, y = t;
11 }
12
13 void swap3(int *x, int *y)
14 {
15     int t;
16     t = *x, *x = *y, *y = t;
17 }
```

指针作为形参并不能保证一定就能改变实参的值。在上述代码中,swap1()函数的形参是基本数据类型,在函数调用时进行的是"值传递",它并不能交换实参的值。虽然 swap2()函数形式上是"地址传递",但是在函数实现中,仅交换了两个形参中保存的地址值,并没有改变该地址指向的变量的值,因此它也未能交换实参的值。只有在 swap3()函数中,接收到外面传进来的地址后,使用间接运算符*访问了实参的值并进行了值的交换。

【例 8-2】输入一个长度小于 80 的字符串，按规则对字符串进行压缩，输出压缩后的字符串。压缩规则是：如果某个字符 x 连续出现 n（n>1）个，将这 n 个字符替换为 nx 的形式，否则保持不变。

例题分析：遍历字符串，对每个字符统计其连续出现次数 n。如果某个字符 x 的连续出现次数 n 大于 1，则输出 nx，否则保持不变，只输出 x。我们可以编写一个 zip()函数专门用于处理压缩字符串。

源代码：

```c
01 #include <stdio.h>
02
03 void zip(char *p)
04 {
05     char *q = p;
06     int n;
07     while(*p)
08     {
09         for(n = 1; *p == *(p + n); n++);        /*统计连续重复字符个数*/
10         if(n >= 10)                             /*当n>=2时需要转化为字符*/
11         {
12             *q++ = n / 10 + '0';
13         }
14         if(n >= 2)
15         {
16             *q++ = n % 10 + '0';
17         }
18         *q++ = *(p + n - 1);
19         p += n;
20     }
21     *q = '\0';
22 }
23
24 int main()
25 {
26     char line[80];
27     gets(line);
28     zip(line);
29     puts(line);
30     return 0;
31 }
```

运行结果：

```
hhhhhhhhhheeellllo↙
10h3e5lo
```

8.7 指针、数组和地址

8.7.1 指针、地址与一维数组

当定义一维数组时，数组名存放着数组在内存空间中的首地址，它是一个地址常量。通过数组名和数组元素的类型及下标，可以容易得到该数组每个元素的首地址。地址常量可以赋给地址变量，因此一维数组名可以赋给指向相同数据类型的指针变量。一维数组首地址也是数组第 0 个元素的首地址。例如：

```
01 #include <stdio.h>
02
03 int main()
04 {
05     int a[100];
06     printf("%d,%d\n", a, &a[0]);
07     printf("%d,%d\n", a + 1, &a[0] + 1);
08     return 0;
09 }
```

运行结果：

```
6356336,6356336
6356340,6356340
```

从上述程序的运行结果可以看到，a 和&a[0]不仅地址值是相同的，a + 1 和&a[0] + 1 的地址值也相同，这表明 a 和&a[0] + 1 指向的数据类型也相同，都是整型，因此 a 和&a[0]这两个地址是相同的。同样 a + i 和&a[i]的地址也相同。如果有 "int a[100], *p = a;"，p + i 和&p[i]的地址值也是相同的。对于一维数组的第 i 个数组元素，可以写成数组形式 a[i]，也可以写成指针形式*(a + i)或*(p + i)。

8.7.2 指针、地址与二维数组

如果是二维数组，则情况有点不同。二维数组名存放的还是数组在内存空间中的首地址，它也是一个地址常量。虽然这个地址和第 0 行第 0 列元素的地址值相同，但是却指向不同数据类型。例如：

```
01 #include <stdio.h>
02
03 int main()
04 {
05     int a[8][10];
06     printf("%d,%d\n", a, &a[0][0]);
07     printf("%d,%d\n", a + 1, &a[0][0] + 1);
08     return 0;
09 }
```

运行结果：

```
6356416,6356416
6356456,6356420
```

从上述程序的运行结果可以看到，地址&a[0][0]所指向的数据类型是整型，因为地址&a[0][0]加 1 移动的字节数为 4。地址 a 加 1 后移动了 40 字节，恰好是二维数组一行的字节数。也就是说，地址 a 和地址&a[0][0]所指向的数据类型不相同。

二维数组 a 的每一行都可以看作一个一维数组。用 a[i]表示第 i 行构成的一维数组的数组名。因此，地址 a[0]应该和&a[0][0]是相同的。例如：

```
01 #include <stdio.h>
02
03 int main()
04 {
05     int a[10][10];
06     printf("%d,%d,%d\n", a, a[0], &a[0][0]);
07     printf("%d,%d,%d\n", a + 1, a[0] + 1, &a[0][0] + 1);
08     printf("%d,%d\n", a[0], a[1]);
09     return 0;
10 }
```

运行结果：

```
6356336,6356336,6356336
6356376,6356340,6356340
6356336,6356376
```

从上述程序的运行结果可以看到，地址 a[0]和&a[0][0]是相同的，它们所指向的数据类型都是整型。虽然地址 a 的地址值和 a[0]及&a[0][0]的值相同，但是它指向的数据类型是二维数组的一行，也就是 10 个整型元素的一维数组，因为它加 1 移动了 40 字节。地址 a[0]和 a[1]分别指向了第 0 行和第 1 行这两个一维数组的首地址，它们之间间隔一行（40 字节），这也验证了第 7 章中 a[i]表示第 i 行构成的一维数组的数组名的说法。

对于二维数组的第 i 行 j 列元素，可以写成 a[i][j]，也可以写成*(a[i] + j)，还可以写成*(*(a + i) + j)的形式。

8.8　字符串常量和字符指针

字符串常量存放在文字常量区，其所有字符在内存中连续存放。系统在存储字符串常量时先分配好一个起始地址，从该地址开始连续存放该字符串中的字符，直到把结束符'\0'也存放完。该起始地址代表了存放字符串常量首字符存储单元的地址，被称为"字符串常量的地址值"。字符串常量实质上是一个指向该字符串首字符的指针常量。可以用指针常量给字符指针变量初始化。例如：

```
char *p = "hello";
```

初始化后，字符指针 p 指向了存放在文字常量区中的字符串常量"hello"。可以在 printf()

函数中使用格式说明符"%s"输出字符串，还可以输出字符串在内存空间的首地址。例如：

```
01 #include <stdio.h>
02
03 int main()
04 {
05     char *p = "hello";
06     printf("%s %d\n", p, p);
07     return 0;
08 }
```

运行结果：

```
hello 4206628
```

在使用格式说明符"%s"输出字符串时，从给定地址开始输出字符，直到遇到结束符'\0'为止。如果将上述第 6 行中的代码修改为"printf("%s", p + 2);"则输出 llo。使用格式说明符"%d"输出的是该字符串在内存空间的地址。

字符串常量也可以给字符数组初始化。字符数组和字符指针都可以用于处理字符串。例如：

```
char *p = "hello";
char s[] = "hello";
```

两者的区别如下。

（1）p 是字符指针，它指向文字常量区的字符串常量"hello"，而 s 是字符数组，在栈区分配内存空间，它把字符串常量"hello"与结束符'\0'一起复制到数组中。

（2）指针 p 指向的是字符串常量，因为不能通过 p 改变字符串常量中的字符，而 s 是字符数组，数组元素的值可以被修改。

（3）如果 s 和 p 都被定义在函数中，在函数运行结束后，字符串常量"hello"仍然存在于文字常量区，指向它的指针仍然有效，而数组 s 的内存空间已经释放，变成非法内存空间。因此要避免返回函数中声明的数组或其元素地址。

【例 8-3】试分析下述表达式。

（1）"xyz" + 1。

（2）*"xyz"。

（3）"xyz"[2]。

（4）*("xyz" + 4)。

例题分析：当一个字符串常量出现在表达式中时，它的值是一个指针常量，这个指针常量指向首字符。字符串常量可以当作一个数组名来进行下标引用及指针的间接引用与其他指针运算。

（1）该表达式看起来在进行字符串与整数 1 的加法运算，实际上这个表达式在计算"指针常量值+1"的值，它的结果是一个指针，它指向字符串中的字符 y。

（2）字符串常量是指向字符串首字符的指针常量，因此在做间接运算时，得到的结果是字符 x。

（3）对一个指针做下标访问是合理的，因为数组名也是一个指针常量，对其下标访问就是对数组中的元素进行访问。该表达式的结果为字符 z。

（4）这个表达式是错误的，因为它的偏移量超过了字符串的长度，为非法访问。

【例 8-4】编写十进制数转换为十六进制数的递归函数。

例题分析：将数字 0～15 转换为字符 0～9、A～F 时，我们专门定义了一个 trans()函数，并利用字符串常量结合下标访问。

源代码：

```
01 void ten16(int n)
02 {
03     if(n / 16 != 0)
04     {
05         ten16(n / 16);
06     }
07     printf("%c", "0123456789ABCDEF"[n % 16]);
08 }
```

8.9　指针数组、数组指针和二级指针

指针数组、数组指针和二级指针是不同的指针类型，不能随便混用。把数组指针加 1，移动的字节数和指针指向的数组的大小有关。把指针数组名和二级指针加 1，可以看到它们移动的字节数都是 4。对指针数组名取间接运算，可以获得该地址所指向的变量值，对二级指针取间接运算，得到的仍然是一个指针。

8.9.1　指针数组

如果数组的元素是指针类型，那么这个数组是指针数组。除每个元素的数据类型不同外，指针数组和普通数组在其他方面是一样的。其定义语法格式如下：

```
类型名 *数组名[数组长度];
```

每个数组元素都是一个指针，类型名为数组元素所指向的变量的类型。例如：

```
char *color[5];
```

color 为指针数组，它有 5 个元素，每个元素都是一个字符指针，可以指向一个字符数据的地址，也可以指向字符数组元素的地址，还可以指向一个字符串常量的地址。例如：

```
char a, b, c, d, e, s[5] = {"blue"};
char *c1[5] = {&a, &b, &c, &d, &e};
char *c2[5] = {s, s + 1, s + 2, s + 3, s + 4};
char *color[3] = {"red", "blue", "yellow"};
```

这样 c2 数组的 5 个元素存放着字符数组中 s[0]、s[1]、s[2]、s[3]和 s[4]这 5 个元素的地址，这 5 个地址分别指向字符'b'、'l'、'u'、'e'和'\0'。如果字符指针数组的元素指向一个字符串，即字符串的首字符的地址，则可以通过数组元素中存放的字符串首地址来输出字符串。想要输出上述 color 数组中第 i 个元素指向的字符串，可以写成：

```
printf("%s", color[i]);
```

至于能否通过指针数组元素来改变它指向的数据，要看该指针数组是否可更改数据。

如果只是存储多个字符串，并不涉及修改这些字符串的内容，那么用指针数组即可。把这些字符串的首地址赋给指针数组元素，如上述代码的 color 指针数组。

为了方便大家理解，可以把上述代码做如下等价改写：

```
char *pc1 = "red";
char *pc2 = "blue";
char *pc3 = "yellow";
char *color[3] = {pc1, pc2, pc3};
```

如果不仅要存储多个字符串，还可能要修改这些字符串内容，那么用二维字符数组比较合适，把字符串常量内容复制到二维字符数组的每一行后再做修改。需要注意的是，二维数组的列数要足够大，以便存放得下所有字符串。例如：

```
char color[5][10] = {"red", "blue", "yellow", "green", "black"};
```

如果一定要使用指针数组，则务必让指针数组的每个元素都指向一个合法的可读/写内存地址。一般使用动态内存分配函数 malloc()或 calloc()把字符串常量复制到分配好的内存中。

指针数组还可以应用在命令行参数中。C 语言源程序经编译和连接后，生成可执行程序。可执行程序可以直接在操作系统环境下以命令方式运行。以前的程序在执行时，都是直接输入可执行程序名后按 Enter 键运行的。实际上，在可执行文件名后面可以跟一些参数，这些参数称为"命令行参数"。通过命令行参数，可以在运行时由外部传入一些数据。

在 C 语言中，main()主函数可以有两个参数，用于接收命令行参数。带有命令行参数的main()习惯上书写为：

```
int main(int argc, char *argv[])
```

argc 和 argv 就是 main()主函数的形参。argc 用来接收命令行参数（包括命令，即可执行程序名）的个数；argv 是一个字符指针数组，用来接收以字符串常量形式存放的命令行参数，包括命令本身，它作为该指针数组的首元素。例如：

```
01 #include <stdio.h>
02
03 int main(int argc, char *argv[])
04 {
05     int i;
06     printf("argc=%d\n", argc);
07     for(i = 0; i < argc; i++)
08     {
09         printf("%s\n", argv[i]);
10     }
11     return 0;
12 }
```

运行结果如图 8-3 所示。

需要注意的是，argc 在计数时，把应用程序名 cbook 也计算在内。应用程序名保存在argv[0]中。

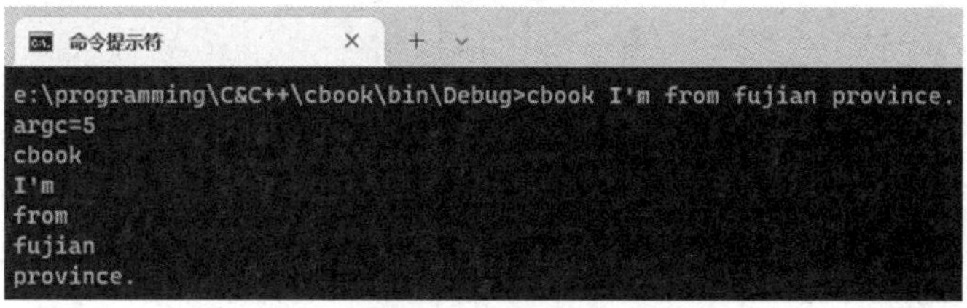

图 8-3 运行结果

8.9.2 数组指针

数组指针就是指向数组的指针，它是一个指针，又被称为"行指针"。其定义语法格式如下：

类型名 (*指针变量名)[数组长度];

这里的指针变量名指向一个一维数组。例如：

int (*p)[4];

p 就是一个数组指针，它指向一个数组，这个数组长度为 4，每个元素为 int 类型。数组指针一般用在二维数组中，可以把二维数组名赋给数组指针或对其初始化。例如：

int a[3][4], (*p)[4] = a;

指针所指向的类型可以通过把该指针加 1，观察所移动的字节数即可。例如：

```
01 #include <stdio.h>
02
03 int main()
04 {
05     int a[3][4], (*p)[4] = a;
06     printf("%d,%d\n", a, p);
07     printf("%d,%d\n", a + 1, p + 1);
08     return 0;
09 }
```

运行结果：

```
6356684,6356684
6356700,6356700
```

从上述程序的运行结果可以看到，二维数组名 a 和数组指针 p 这两个指针的类型相同。也就是说，二维数组名实际上是一个数组指针常量。

8.9.3 二级指针

在 C 语言中，指向指针的指针一般定义的语法格式如下：

类型名 **变量名;

指向指针的指针称为"二级指针"。例如：

```
int a = 10;
int *p = &a;
int **pp = &p;
```

图 8-4 所示为二级指针示意图。

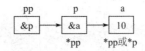

图 8-4　二级指针示意图

需要注意的是，这里二级指针变量 pp 和&&a 不同，对整型变量 a 取两次地址无意义。理论上可以定义任意多级的指针，实际应用中很少超过二级。指针级数过多容易造成大家理解错误，使程序可读性变差。

二级指针也是指针，因此二级指针加 1，指针移动的地址范围也为 4。在本书中任何指针类型都占 4 字节。

指针数组名是地址常量，可以赋给二级指针变量。例如：

```
01 #include <stdio.h>
02
03 int main()
04 {
05     char *p[5] = {"red", "green", "blue", "black", "white"};
06     char **pp = p;
07     printf("%s,%s,%s,%s,%s\n", p[0], p[1], p[2], p[3], p[4]);
08     printf("%s,%s,%s,%s,%s\n", pp[0], pp[1], pp[2], pp[3], pp[4]);
09     return 0;
10 }
```

运行结果：

```
red,green,blue,black,white
red,green,blue,black,white
```

从上述程序的运行结果可以看到，当把一维指针数组名赋给二级指针时，二级指针可以起到和一维指针数组名类似的作用。

8.10　指针函数和函数指针

前面介绍过指针可以作为函数参数，指针也可以作为函数的返回值。如果函数的返回值为指针类型，那么该函数称为"指针函数"。注意不能返回在函数内部定义的自动变量的地址，因为自动变量随着函数的结束而消亡，其内存空间会被释放，其地址将不再有效。指针函数定义的语法格式如下：

类型名 *函数名(形参表)

指针函数一般返回主调函数或静态存储区变量的地址，也可以返回在函数中通过动态内存分配方式建立的内存地址。

在 C 语言中，函数名表示函数的入口地址，因此可以定义一个指针变量，接收函数的入口地址，让它指向函数。这个指针就是指向函数的指针，又被称为"函数指针"。通过函数指针可以调用函数，还可以用函数指针作为函数参数。

函数指针定义的语法格式如下：

类型名 (* 函数指针变量名)(形参表)

例如:

```
int (*p)(int, int);
```

上述代码定义了一个函数指针 p,该指针指向一个函数,这个函数有两个 int 类型参数,返回值为 int 类型。

假设 fun()函数已定义,它有两个 int 类型参数且返回一个 int 类型,p=fun;将 fun()函数的入口地址赋给 p,p 就指向 fun()函数。

通过函数指针还可以调用函数,除了直接用函数名调用函数,还可以用如下形式实现函数调用:

(*函数指针名)(实参表);

或者

函数指针名(实参表);

例如:

(*p)(3, 5);

或者

```
p(3, 5);
```

函数指针当然可以出现在形参表中作为函数参数。例如:

```
01 #include <stdio.h>
02
03 int max(int a, int b)
04 {
05     return a > b ? a : b;
06 }
07
08 int main()
09 {
10     int x, y, maxval;
11     int (*pmax)(int, int) = max; /*也可写作 int (*pmax)(int a, int b)*/
12     scanf("%d%d", &x, &y);
13     maxval = (*pmax)(x, y);          /*也可写作 maxval=pmax(x, y)*/
14     printf("%d\n", maxval);
15     return 0;
16 }
```

运行结果:

```
4 7↙
7
```

8.11　复杂类型分析与构造

在标准库里经常会出现一些复杂类型。本节来探讨如何分析与构造这些复杂类型。表 8-2

所示为常用指针类型的定义及其说明。

表 8-2 常用指针类型的定义及其说明

定　　义	说　　明
int i;	定义整型变量 i
int *p;	p 为指向整型数据的指针变量
void *p;	定义通用指针 p
int a[n];	定义有 n 个元素的整型数组 a
int *p[n];	定义指针数组 p，它由 n 个指向整型数据的指针元素组成
int (*p)[n];	p 为指向包含 n 个整型元素的一维数组的指针变量
int p();	函数 p 用来返回一个整型值
int *p();	函数 p 用来返回一个整型指针
int (*p)();	p 是函数指针，这个函数用来返回一个整型值
int *(*p)();	p 是函数指针，这个函数用来返回一个整型指针
int *(*p[])();	p 是函数指针数组，这个函数用来返回整型指针
int *((*p)())[n];	p 是函数指针，这个函数用来返回指向 n 个整型指针元素的指针
int **p;	p 是一个二级指针，它指向另一个整型指针变量

表 8-2 中有一些类型比较复杂，如 int *((*p)())[n]等。

8.11.1　分析复杂类型

为了方便起见，如无特别说明，以下的分析和构造在使用到基本数据类型的场合都用 int 类型来说明。分析这些复杂的类型也有如下一些基本原则。

（1）在声明中删除变量后就是类型。不管多复杂的类型，都可以从声明中删除变量得到。例如：

```
int (*p)();     /*函数指针声明*/
```

删除变量 p，得到 int (*)()，这个类型就是函数指针类型。同理，可以得到数组指针的类型为 int (*)[]。

（2）函数指针参数和数组指针元素个数总是紧跟着变量。例如：

```
/*函数指针的参数为 int、 double*/
int (*p)(int, double);
/*数组指针的元素个数为 4*/
int (*p)[4];
```

（3）看最深层次中符号的结合度()>[]>*，与()结合为函数，与[]结合为数组，与*结合为指针。

① p()或*p()：p 是函数，()的结合度比*高，因此*p()是函数而不是指针。

② (*p)()：p 是函数指针，因为这里 p 与*结合。

③ p[]或*p[]：p 是数组，[]的结合度比*高，因此*p[]是数组而不是指针。

④ (*p)[]：p 是数组指针，这里 p 与*结合。

（4）把变量和（3）中所结合的符号删除，剩下的类型是数组元素类型或函数返回值。

上述步骤可以递归。下面结合实例来分析。

（1）int (*f())()。

由于()的结合度最高，因此 f 与()结合，说明 f 是一个函数；把 f()从类型中删除，得到 int (*)()，说明 f 这个函数的返回值是一个函数指针，因此 f 是一个返回函数指针的函数。

（2）int (*(*f)())()。

(*f)说明 f 是一个指针，这个指针优先与()结合，说明它是一个函数指针；把(*f)()从类型中删除，得到返回值类型为 int (*)()，因此 f 是一个返回函数指针的函数指针。

（3）int *((*f)())[n]。

(*f)()说明 f 是一个函数指针，把(*f)()从类型中删除，得到返回值类型为 int *()[n]，这是一个有 n 个元素的指针数组，因此 f 是一个返回指针数组的函数指针。

（4）int (*(*f(int)))[3]。

f(int)说明 f 是一个函数，把 f(int)从类型中删除，得到返回值类型为 int (*(*))[3]。实际上内层的括号是多余的，它等价于 int (**)[3]，因此 f 是一个返回数组二级指针的函数。

（5）int (*(*f)[])()。

(*f)[]说明 f 是一个数组指针，把(*f)[]从类型中删除，得到元素类型为 int (*)()。它是一个函数指针，因此 f 是一个元素类型为函数指针的数组指针。

8.11.2　构造复杂类型

在构造复杂类型时，需要注意以下几点。

（1）先写出函数指针（函数）的返回值类型或数组指针（数组）的元素类型。

（2）在最里层的*右边写出：① 函数 f()；② 函数指针 (*f)()；③ 数组 arr[]；④ 数组指针(*arr)[]。

上述步骤也可以递归。以下举例说明。

（1）构造返回值为数组指针的函数指针。

先写出返回值类型数组指针 int (*)[]，由于构造的类型是函数指针，因此在最里层的*旁边写上(*f)()，最终构造的类型为 int (*(*f)())[]。

（2）构造元素类型为（返回值为数组指针的函数指针）数组。

先写出数组元素类型 int (*(*)())[]，由于构造的类型是数组，因此在最里层的*旁边写上 arr[]，最终构造的类型为 int (*(*arr[])())[]。

（3）构造返回值为（元素为函数指针的数组指针）函数指针。

先构造返回值类型，元素为函数指针的数组指针。这里元素类型为函数指针 int (*)()，在*右边写上数组指针(*)[]，因此得到返回值类型为 int (*(*)[])()；由于构造的最终类型是函数指针，因此在最里层的*旁边写上(*f)()，最终构造的类型为 int (*(*(*f)())[])()。

（4）构造元素类型为（元素为函数指针的数组指针）数组指针。

元素类型为 int (*(*)[])()，在最里层的*右边写上数组指针(*arr)[]，最终构造的类型为 int (*(*(*arr)[])[])()。

8.12　常用字符串处理函数

在使用字符串处理函数之前，先包含头文件 string.h。在学习这些函数时，大家不要忽略它们的返回值。

8.12.1　字符串输入/输出函数

字符串的输入/输出有格式化输入/输出函数和 gets()函数及 puts()函数两种方法。

1. 格式化输入/输出函数

格式化输入函数 scanf()采用%s 格式说明符进行输入赋值。例如：

```
char name[10];
scanf("%s", name);
```

需要注意的是，输入项 name 前面不需要添加取地址运算符&，因为数组名 name 就已经是内存地址。在读入字符串后，scanf()函数自动在存放在 name 中的字符串后面添加结束标志'\0'。当遇到空白类字符时结束字符串读入，并且不会从输入缓冲区中读取空白类字符。

与整数的输入类似，字符串也可以指定读入字符的宽度。例如：

```
int str[20];
scanf("%4s", str);
```

当输入"abcdefg"时，只有前 4 个字符"abcd"被读入并存放在 str 字符数组中。

在使用%s 格式说明符输入字符串时，如果后面跟的是字符指针 s，则让它指向一个合法的可以修改的内存空间，以便通过 scanf()函数把读入的字符串复制到内存中。例如：

```
01 #include <stdio.h>
02
03 int main()
04 {
05     char *p;
06     scanf("%s", p);
07     printf("%s\n", p);
08     return 0;
09 }
```

上述程序运行时出错，因为 p 未赋合法地址，无法在其中存放字符串。如果 p 指向的是字符串常量，则程序运行时也会出问题，因为字符串常量内容不允许修改。例如：

```
01 #include <stdio.h>
02
03 int main()
04 {
05     char *p = "hello";
06     scanf("%s", p);
07     printf("%s\n", p);
```

```
08        return 0;
09 }
```

正确的做法是让 p 指向一个字符数组，或者直接使用字符数组名。例如：

```
01 #include <stdio.h>
02
03 int main()
04 {
05      char s[20], *p = s;
06      scanf("%s", p); /*这里可以将 p 替换为 s*/
07      printf("%s\n", p);
08      return 0;
09 }
```

在输出字符串时，也可以指定输出宽度和对齐方向。如果字符串实际宽度小于指定输出宽度，则靠右对齐，左边补空格。如果字符串实际宽度大于指定输出宽度，则按实际宽度输出。例如：

```
printf("%10s\n", "hello");
printf("%-10s\n", "hello");
```

上述代码的运行结果为：

```
     hello
hello
```

2. gets()函数和 puts()函数

gets()函数的原型为 char *gets(char *str)，它用来从标准输入设备读取字符串直到按 Enter 键结束，但回车符不属于字符串，并自动在读入的字符串后面添加结束标志'\0'。参数 str 是字符指针，该指针必须通过内存来存放读入的字符串。str 也可以是字符数组名。如果成功读入字符串，则该函数返回该字符串。如果发生错误或未读到任何字符，则返回 NULL。虽然 gets()函数早就被公认为不安全，但是它仍然存在于 C89 和 C99 中，直到 C11 才被移除，但新增了 gets_s()函数用来代替 gets()函数。

puts()函数的原型为 int puts(char *str)，它用来向标准输出设备输出字符串并换行。用户可以直接将字符串常量写在 puts()函数中，如 puts("Hello World!")。如果成功输出，则该函数返回一个非负值。如果发生错误，则返回 EOF。

在使用 gets()函数读入字符串时，遇到换行符结束字符串读入，自动在输入字符串后面添加结束标志'\0'，并从输入缓冲区中读取换行符。在使用 puts()函数输出字符串时，会额外输出一个换行符。例如：

```
01 #include <stdio.h>
02
03 int main()
04 {
05      char str[20];
06      printf("1) gets,puts 输入/输出: \n");
07      gets(str);                  /*会读入所有字符，直到换行*/
```

```
08      puts(str);                  /*会多输出一个换行符*/
09      printf("2) scanf,printf 输入/输出: \n");
10      scanf("%s", str);           /*当遇到空白字符时，停止读入*/
11      printf("%s", str);
12      printf("######end######");
13      return 0;
14 }
```

运行结果：
（1）gets,puts 输入/输出：
hello dear guys✓
hello dear guys
（2）scanf,printf 输入/输出：
hello dear guys✓
hello######end######

字符串输入函数 scanf()和 gets()的区别如下。

（1）scanf()函数遇到空白类字符（空格符，换行符\n，水平制表符\t）即可停止读入；gets()函数只有遇到换行符才停止读入。

（2）在使用 scanf()函数读取字符串时，空白类字符还留在缓冲区中；而在使用 gets()函数读取字符串时，换行符不会留在缓冲区中。

（3）scanf()函数的返回值是成功读入数据的个数。如果成功输入，则 gets()函数的返回值为字符串首地址，否则返回 NULL。

字符串输出函数 printf()和 puts()的区别如下。

（1）在使用 puts()函数输出字符串后会将'\0'自动转换成'\n'输出。也就是说，在使用 puts()函数输出完字符串后会自动换行，而在使用 printf()函数输出字符串后则不会自动换行。

（2）printf()函数用于返回输出字符的个数，如果成功输出，则 puts()函数返回换行符，否则返回 EOF。

8.12.2　字符串的复制、连接、比较及字符串长度

（1）字符串复制函数，其语法格式如下：

```
char *strcpy(char *dest, const char *src)
```

该函数用于把字符串 src 复制到地址 dest 中，并返回参数 dest 的字符串起始地址。这里 dest 必须指向一个合法的可以修改的内存。

（2）字符串连接函数，其语法格式如下：

```
char *strcat(char *dest, const char *src)
```

该函数用于把字符串 src 连接到字符串 dest 的串尾，并返回字符串 dest 的起始地址。这里 dest 所指向的空间要足够存放连接后的字符串。

（3）字符串比较函数，其语法格式如下：

```
int strcmp(const char *s1, const char *s2)
```

该函数用于比较两个字符串 s1 和 s2，并根据比较结果返回整数值。如果 s1=s2，则返回值为 0；如果 s1＞s2，则返回值为正整数；如果 s1＜s2，则返回值为负整数。当比较字符串

时，根据 ASCII 码值依次比较 s1 和 s2 的每一个字符，直到出现不同的字符，或者到达字符串末尾'\0'。如果遇到不同字符，哪个字符的 ASCII 码值比较大，则它所在字符串就比较大。如果每个字符都相等，则两个字符串相等。

在比较字符串内容相等时可以使用 strcmp()函数，而不能用关系运算符==。例如：

```
01 #include <stdio.h>
02 #include <string.h>
03
04 int main()
05 {
06     char s1[20] = "hello", s2[20] = "hello";
07     char *p1 = "hello", *p2 = "hello";
08     printf("%d\n", s1 == s2);        /*比较字符数组首地址，如果不相等，则输出 0*/
09     printf("%d\n", strcmp(s1, s2)); /*如果字符串内容相等，则输出 0*/
10     printf("%d\n", p1 == p2);        /*比较指针所指内存地址，如果相等，则输出 1*/
11     return 0;
12 }
```

运行结果：

```
0
0
1
```

（4）字符串长度函数，其语法格式如下：

```
int strlen(const char *str)
```

该函数用于返回字符串 str 的长度，不包括结束符'\0'。

【例 8-5】根据下述给定的函数头声明，编写求字符串长度的函数。

```
int mystrlen(char *s);
char *mystrcpy(char *s1,char *s2);
char *mystrcat(char *s1,char *s2);
int mystrcmp(char *s1,char *s2);
```

源代码：

```
01 int mystrlen(char *s)
02 {
03     char *p = s;
04     while(*p++); /*当循环结束时，p 指向字符串中'\0'的下一个字符*/
05     return p - s - 1;
06 }
```

如果将第 4 行代码写成"while(*p) p++;"，当循环结束时，指针 p 刚好指向'\0'的位置，则第 5 行代码应该返回 p-s 的值，不需要再减 1。

```
01 char *mystrcpy(char *s1, char *s2)
02 {
03     char *p = s1;
04     while(*s1++ = *s2++);
```

```
05      return p;
06 }
```

这里表达式*s1++ = *s2++，先把*s2 中的字符赋给*s1 后，s1 和 s2 指针再分别加 1。注意这里'\0'可以被复制到 s1 中，复制完'\0'后循环结束。

```
01 char *mystrcat(char *s1, char *s2)
02 {
03     char *p = s1;
04     while(*s1) s1++;
05     while(*s1++ = *s2++);
06     return p;
07 }
```

首先找到字符串 s1 的结束标志'\0'处，这里使用 while(*s1) s1++语句来实现，指针 s1 刚好停在'\0'处；然后把字符串 s2 的内容复制到字符串 s1 中。

```
01 int mystrcmp(char *s1, char *s2)
02 {
03     while(*s1 == *s2 && *s1) s1++, s2++;
04     return *s1 - *s2;
05 }
```

当字符串 s1 和字符串 s2 中对应字符不相等或都相等，且已经到了字符串结尾'\0'处时，循环结束。再返回循环结束时对应字符的 ASCII 码的差值。

8.13 动态内存分配

C 语言主要有两种方法使用内存：一种是静态内存分配，它由编译系统分配内存；另一种是动态内存分配，由程序在运行时根据需要动态分配内存。使用动态内存分配能有效使用内存，同一段内存区域可被多次使用，使用时申请，用完及时释放。

C 语言提供了一组函数进行动态内存分配的操作，定义在 stdlib.h 头文件中。

（1）动态存储分配函数 malloc()，其函数原型为：

```
void *malloc(unsigned size)
```

功能：在内存的动态存储区分配一段连续存储空间，其长度为 size。如果申请成功，则返回指向所分配内存空间的起始地址的通用指针(void *类型)，否则返回 NULL。在具体使用时，通常将 malloc()函数的返回值强制转换为某一特定指针类型，并赋给某个指针变量。务必注意不能越界使用存储区。

（2）计数动态存储分配函数 calloc()，其函数原型为：

```
void *calloc(unsigned n, unsigned size)
```

功能：在内存的动态存储区分配 n 个连续存储空间，每一个存储空间的长度为 size，并把存储块全部初始化为 0。如果申请成功，则返回指向所分配内存空间的起始地址的通用指针，否则返回 NULL。

（3）动态存储释放函数 free()，其函数原型为：

```
void free(void *ptr)
```

功能：释放由动态存储分配函数申请到的内存空间，ptr 为指向要释放空间的首地址。如果 ptr 的值是空指针，则 free()函数什么都不做，不能再通过 ptr 指针访问已释放内存。

（4）分配调整函数 realloc()，其函数原型为：

```
void *realloc(void *ptr, unsigned size)
```

功能：更改以前的存储分配。ptr 为以前通过动态存储分配得到的指针，size 为限制需要的空间大小。如果分配失败，则返回 NULL，同时 ptr 指向的存储块内容不变。如果分配成功，则返回一块大小为 size 的存储块，并保证该存储块内容与原存储块内容一致。如果 size 小于原存储块大小，则内容为原存储块前 size 范围内的数据；如果新存储块的 size 更大，则原数据存放在新存储块的前部分。如果分配成功，则 ptr 不能再使用。

【例 8-6】输入正整数 n，再输入 n 个名字，名字长度不超过 10 个字符，并把这 n 个名字按字典顺序从大到小排列输出。

例题分析：由于 n 的范围未知，这里可以考虑使用可变长指针数组结合 malloc()函数让每个元素指向合法内存。

源代码：

```
01 #include <stdio.h>
02 #include <string.h>
03 #include <stdlib.h>
04
05 void name_sort(char **s, int n)
06 {
07     char *t;
08     int i, j;
09     for(i = 0; i < n - 1; i++)
10     {
11         for(j = 0; j < n - i - 1; j++)
12         {
13             if(strcmp(s[j], s[j + 1]) < 0)
14                 t=s[j], s[j] = s[j + 1], s[j + 1] = t;
15         }
16     }
17 }
18
19 int main()
20 {
21     int i, n;
22     scanf("%d", &n);
23     char *names[n];
24     for(i = 0; i < n; i++)
25     {
26         names[i] = (char*)malloc(10);
27         scanf("%s", names[i]);
28     }
```

```
29        name_sort(names, n);
30        for(i = 0; i < n; i++)
31        {
32            printf("%s ", names[i]);
33            free(names[i]);
34        }
35
36        return 0;
37    }
```

运行结果:

```
5
Jack
Kate
Tommy
Jim
Lucy✓
Tommy Lucy Kate Jim Jack
```

在 name_sort()函数中，交换的只是指针，因此算法效率得到了提高。

8.14　本章小结

本章首先介绍了指针的基本概念，指针变量的定义和初始化。指针是一种特殊的数据类型，它的变量存放的是内存地址。在使用指针之前必须先赋给它合法的内存地址。

指针可以进行有限的加/减和自增/自减运算、关系运算和赋值运算。两个指针一般不进行加法运算，但指针可以与一个整数值进行加/减运算，它移动的内存字节数与字节所指向的数据类型有关。两个同类型的指针可以相减，其结果为这两个指针之间间隔的数据的个数，一般指向数组元素的地址。用户通过观察指针加 1 或减 1 移动的字节数，可以判断该指针所指向的数据类型。

通用指针是指只有内存地址，但还未指向数据的指针。const 可以用来修饰指针。const 出现的位置不同决定了是指针值不能被修改还是指针所指变量的值不能被修改。

指针可以作为函数参数，它传递的是变量地址。如果不发生间接运算并修改指针所指向变量的值，则指针所指的实参的值也不能发生改变。

指针和数组的关系密切。可以把数组名赋给同类型的指针变量。指针变量通过与整数进行加/减运算可以指向数组的不同元素。二维数组可以看成元素类型为一维数组的一维数组，二维数组名加 1 移动的内存字节数是二维数组中一行的字节数。

字符串常量实质上是一个指向该字符串首字符的指针常量，可以把它赋给字符指针变量。二级指针就是指向指针变量的指针。指针数组是指元素类型为指针的数组。数组指针是一个指向数组类型的指针。二级指针与指针数组名加 1 可移动 4 字节，数组指针加 1 可移动数组长度的字节数。

指针函数是指返回指针类型的函数。函数指针是指向规定函数的指针。函数指针一般只能进行赋值运算和相等关系运算，不能参与其他运算。

最后介绍了常用字符串处理函数：字符串长度函数 strlen()、字符串复制函数 strcpy()、字符串连接函数 strcat()与字符串比较函数 strcmp()。

动态内存分配一般使用 malloc()函数，它返回的内存地址是通用指针，必须进行类型强制转化后才能赋给相应类型的指针。动态分配的内存要及时调用 free()函数释放回收。

习题 8

1. 以下代码有哪些错误？

```
（1）int x = 30;
    int *p = x;
    printf("%d#%d\n", x, *p);
（2）double x = 3.0;
    int *p = &x;
（3）int x, y;
    const int *p = &x;
    *p = 5;
（4）int x, y;
    int *const p = &x;
    p = &y;
```

2. 假设有以下声明，求各表达式的值。

```
int a[] = {5, 15, 34, 54, 14, 2, 52, 72};
int *p = &a[1], *q = &a[5];
```

（1）*(p + 3)

（2）*(q − 3)

（3）q − p

（4）p < q

（5）*p < *q

3. 写出以下程序的运行结果。

```
#include <stdio.h>
int main()
{
    int a, b, m = 4, n = 6, *p = &m, *q = &n;
    a = p == &m;
    b = (*p) / (*q) + 7;
    printf("%d#%d\n", a, b);
    return 0;
}
```

4. 写出以下程序的运行结果。

```
#include <stdio.h>
```

```c
int main()
{
    int a = 5, *b, **c;
    c = &b;
    b = &a;
    printf("%d\n", **c);
    return 0;
}
```

5. 写出以下程序的运行结果。

```c
#include <stdio.h>
int fun(int);
int any_function(int (*fp)(int));
int main()
{
    printf("%d\n", any_function(fun));
    return 0;
}
int fun(int x)
{
    return x * x + x - 12;
}
int any_function(int (*fp)(int))
{
    int n = 0;
    while(fp(n))
        ++n;
    return n;
}
```

6. 写出以下程序的运行结果。

```c
#include <stdio.h>
int main()
{
    int a[] = {1, 2, 3, 4, 5};
    int *p = a;
    printf("%d\n", *p);
    printf("%d\n", *(++p));
    printf("%d\n", *++p);
    printf("%d\n", *(p--));
    printf("%d\n", *p++);
    printf("%d\n", *p);
    printf("%d\n", ++(*p));
    printf("%d\n", *p);
    return 0;
```

```
}
```

7. 写出以下程序的运行结果。

```c
#include <stdio.h>
void fun(int a[][3], int m, int n, int *x, int *y, int *z)
{
    int i, j;
    *x = a[0][0];
    for(i = 0; i < m; ++i)
    {
        for(j = 0; j < n; ++j)
        {
            if(a[i][j] < *x)
            {
                *x = a[i][j];
                *y = i;
                *z = j;
            }
        }
    }
}
int main()
{
    int min, row, col;
    int a[3][3] = {50, -30, 90, 35, 45, -85, -17, 57, 97};
    fun(a, 3, 3, &min, &row, &col);
    printf("%d,%d,%d\n", min, row, col);
    return 0;
}
```

8. 写出以下程序的运行结果。

```c
#include <stdio.h>
#include <stdlib.h>
int main()
{
    int *p;
    char *q;
    p = (int *)malloc(sizeof(int));
    q = (char *)malloc(sizeof(char));
    *p = 65;
    *q = *p;
    printf("%d#%c\n", *p, *q);
    return 0;
}
```

9. 写出以下程序的运行结果。

```c
#include <stdio.h>
```

```
#include <string.h>
int main()
{
    char *p, str[20] = "abc";
    p = "abc";
    strcpy(str + 1, p);
    printf("%s\n", str);
    return 0;
}
```

10. 数组名和指针变量均表示地址，以下说法不正确的是（　　）。

 A. 数组名代表的地址值不变，但指针变量存放的地址可变

 B. 数组名代表的存储空间长度不变，但指针变量指向的存储空间长度可变

 C. A 和 B 的说法均正确

 D. 没有差别

11. 变量的指针，其含义是指该变量的（　　）。

 A. 值　　　　　　B. 地址　　　　　　C. 名　　　　　　D. 一个标志

12. 如果有定义 "int a = 3, b, *p = &a;"，则使 b 的值不为 3 的语句是（　　）。

 A. b = *&a;　　　B. b = *p;　　　C. b = a;　　　D. b = *a;

13. 如果有以下定义，则不能表示 a 数组元素的表达式是（　　）。

```
int a[10] = {1, 2, 3, 4, 5, 6, 7, 8, 9, 10}, *p = a;
```

 A. *p　　　　　　B. a[10]　　　　C. *a　　　　　　D. a[p - a]

14. 如果有定义 "char str[10], **s = (char **)&str;"，则以下表达式正确的是（　　）。

 A. s = "computer"

 B. *s = "computer"

 C. **s = "computer"

 D. *s = 'c'

15. 如果有定义 "char s[10], *p = s;"，则以下表达式不正确的是（　　）。

 A. p = s + 5　　　B. s = p + s　　　C. s[2] = p[4]　　　D. *p = s[0]

16. 运行以下程序段后，*p 等于（　　）。

```
int a[5] = {1, 3, 5, 7, 9}, *p = a;
p++;
```

 A. 1　　　　　　B. 3　　　　　　C. 5　　　　　　D. 7

17. 以下程序的运行结果是（　　）。

```
#include <stdio.h>
int main()
{
    int i, a[3][4] = {{1, 2, 3, 4}, {3, 4, 5, 6}, {5, 6, 7, 8}};
    int (*p)[4] = a, *q = a[0];
    for(i = 0; i < 3; i++)
    {
```

```
        if(i == 0)
            (*p)[i + i / 2] = *q + 1;
        else
            p++, ++q;
    }
    for(i = 0; i < 3; i++)
        printf("%d,", a[i][i]);
    return 0;
}
```

A. 2,5,7,　　　　B. 2,4,7,　　　　C. 2,4,8,　　　　D. 2,5,8,

18. 假设有 char a[] = "ABCD"，使用 "printf("%s", a);" 语句输出的是_____，而使用 "printf("%c", *a);" 语句输出的是_____。

19. 假设有以下语句：

```
static int a[3][2] = {4, 5, 6, 7, 8, 9};
int (*p)[2];
p = a;
```

((p + 1) + 1)的值是_____，*(p + 2)是元素_____的地址。

20. 下面的程序通过一个函数计算两个整数之和，并通过形参传回结果。请填空。

```
#include <stdio.h>
void add(int x, int y, _____ z)
{
    _____ = x + y;
}
int main()
{
    int i, j, k;
    printf("Input two integers:");
    scanf("%d %d", &i, &j);
    add(i, j, &k);
    printf("The sum of two integers is: %d\n", k);
    return 0;
}
```

21. 下面的程序实现从 10 个整数中找出最大值和最小值。请填空。

```
#include <stdio.h>
int max, min;
void find(int *p, int n)
{
    int *q;
    max = min = *p;
    for(q = p; _____; q++)
        if(*q > max)
            max = *q;
```

```
        else if(_____)
            min = *q;
}
int main()
{
    int i, num[10];
    printf("Input 10 numbers:\n");
    for(i = 0; i < 10; i++)
        scanf("%d", &num[i]);
    find(num, 10);
    printf("max=%d,min=%d\n", max, min);
    return 0;
}
```

22. 下面程序的功能是统计命令行第 1 个参数中出现的字母的个数。请填空。

```
#include <stdio.h>
#include <ctype.h>
int main(int argc, _____ argv[])
{
    char *str;
    int count = 0;
    if(argc < 2)
        exit(1);
    str = _____;
    while(*str)
        if(isalpha(_____))
            count++;
    printf("\n 字母个数：%d\n", count);
    return 0;
}
```

23. 编写程序，输入 5 个字符串，按从小到大的顺序输出。

24. 编写程序，输入 10 个整数，将其中最小的数与第一个数交换，把最大的数与最后一个数交换。

25. 编写程序，输入月份，输出该月的英文名。例如，当输入 3 时，输出 "March"，要求用指针数组处理。

26. 输入一个字符串（不超过 100 个字符）和整数 m、n。请编写函数实现输出这个字符串第 m 个到第 n 个字符之间的字符串。例如，当输入字符串"abcdefg"、2 和 4 时，输出"bcd"。

27. 假设有 n 个整数，现在要使前面各数顺序向后移动 m 个位置，最后 m 个数变成最前面 m 个数。编写程序实现以上功能，在主函数中输入 n 个整数并输出调整后的 n 个数。

28. 编写程序，统计从键盘上输入的命令行中第二个参数所包含的英文字符个数。

29. 编写程序，现有 n 个数，且 n≤1000，要求输出这 n 个整数中第 k 小的整数（相同大小的整数只计算一次）。

30. 1994 年，美国数学家皮科夫在一篇文章中首次提出了吸血鬼数。如果一个 2n（n 是自然数）位的自然数等于各个数字任意组成的两个 n 位数的乘积，这个自然数就是吸血鬼数。其中，这两个 n 位数都被称为"獠牙"或"尖牙"。例如，1260=21×60，所以 1260 是一个吸血鬼数。注意两个尖牙的个位数不能同时为 0。例如，虽然 126000=210×600，但是 126000 不是吸血鬼数。在此基础上，2002 年，数学家里维拉定义了吸血鬼素数。如果吸血鬼数的两个尖牙都是素数，这两个尖牙就是吸血鬼素数。例如，117067=167×701，由于 167 和 701 都是素数，因此 167 和 701 都是 3 位吸血鬼素数。编写程序，输入一个正整数 n（n<1000），请判断它是否为吸血鬼素数。如果是，则输出 YES，否则输出 NO。

第9章 结构

- 结构类型的定义。
- 结构变量的定义、初始化和使用。
- 结构数组、结构指针及结构函数。
- 联合、枚举、链表的概念及使用。

数组是具有相同数据类型的数据的集合体。在现实世界中，一个对象往往具有多个属性。例如，当描述学生的基本信息时，通常需要学号、姓名、性别、家庭地址等属性，描述这些属性需要不同的数据类型，所以只使用数组是不够的。C 语言还提供了一种"结构体"的复合数据类型，它能将一定数量的不同数据类型的数据组合在一起，构成一个有机的整体。结构成员的数据类型可以相同，也可以不同。

9.1 结构类型的定义和大小

前文已经介绍了 3 种基本数据类型，以及数组和指针两种复合数据类型，但是只靠这些类型还不足以满足人们解决问题和描述客观世界的需要。C 语言提供了一种用来构造新的数据类型的机制——结构。它可以把有内在联系的不同类型的数据汇聚成一个整体，又可以单独使用其成员变量。在定义结构类型时，一般把事物的名字定义成结构名，事物的各种属性定义成结构成员，并为它们选择合适的数据类型。

9.1.1 结构类型的定义

结构类型定义的语法格式如下：

```
struct 结构名
{
    类型名 结构成员名 1;
    类型名 结构成员名 2;
    …
    类型名 结构成员名 n;
};
```

结构类型的定义以分号结束。结构成员的类型可以不同，也可以相同。结构名必须是一个合法的标识符。关键字 struct 与结构名两者合起来共同组成结构类型名。花括号中的内容是结构所包括的结构成员，又被称为"结构分量"。在定义完结构类型后，这个新的类型就可以像之前的数据类型一样供人们方便地使用。

结构成员的类型还可以是结构类型，这就形成了结构类型的嵌套。在定义嵌套的结构类型时，必须先定义成员的结构类型，再定义主结构类型。例如：

```
struct date
{
    int year;
    int month;
    int day;
};

struct people
{
    int id;
    char name[20];
    char sex;
    struct date birthday;        /*可以使用刚才定义的结构类型 date*/
    char phone[15];
    char address[50];
};
```

需要注意的是，成员的结构类型不能是自身类型，否则将导致结构类型定义错误。例如，下述结构类型定义是错误的：

```
struct people
{
    int id;
    char name[20];
    struct people friend;        /*在定义结构类型时，成员类型不允许使用自身结构类型*/
};
```

9.1.2　结构类型的大小

任何数据类型占用的内存空间都是确定的，允许结构成员类型使用自身类型将无法确定结构类型大小。虽然成员类型无法使用自身结构类型，但是可以使用自身结构类型指针，因为指针大小是确定的 4 字节。例如：

```
struct people
{
    int id;
    char name[20];
    struct people *pfriend;      /*在定义结构类型时，成员类型可以使用自身结构类型指针*/
};
```

由于存储变量时地址对齐的要求，编译器在编译程序时要遵循以下字节对齐机制。

（1）结构体首地址能够被其最宽基本类型成员大小整除。

（2）结构体中的每个成员相对于结构体首地址的偏移量都是该成员大小的整数倍，如果有需要，则编译器会在成员之间添加中间填充字节。

（3）结构体总大小为结构体最宽基本类型成员大小的整数倍，如果有需要，则编译器会在最后一个成员之后加上末尾填充字节。

由于存在填充字节的情况，结构类型所占用的内存空间有时会超过其各个成员所占用的内存空间之和。例如：

```
struct st
{
    int i;
    char c;
    int j;
};
```

结构体 st 的最宽基本类型成员为 int，大小为 4，st 的大小必须能被 4 整除。由于成员 j 相对于首地址的偏移量是 4 的整数倍，因此编译器会在成员 c 和 j 之间填充 3 字节。这样结构体 st 的总的大小为 12 字节，而不是 9 字节。

如果出现结构体嵌套，则复合成员相对于结构体首地址的偏移量是复合成员中最宽基本类型成员大小的整数倍。

用户可以在程序中使用长度运算符 sizeof 来获取结构体类型的大小。

9.2 结构变量的定义和初始化

在定义了结构类型后，还需要定义结构类型的变量，才能通过结构变量来操作访问数据。在 C 语言中定义结构变量有以下 3 种方式。

9.2.1 单独定义

单独定义是指先定义一个结构类型，再定义这种结构类型的变量。例如，在前文定义过 people 结构类型后，可以单独定义结构变量：

```
struct people p1;
```

9.2.2 混合定义

混合定义是指在定义结构类型的同时定义结构变量，其定义的语法格式如下：

```
struct 结构名
{
    类型名 结构成员名1;
    类型名 结构成员名2;
    …
```

```
        类型名 结构成员名 n;
}结构变量名表;
```
例如:
```
struct student
{
    int id;
    char name[20];
    int computer, english, math;
    double average;
}s1,s2,s3;
```

9.2.3　无类型名定义

无类型名定义是指在定义结构变量时省略结构名,其定义的语法格式如下:
```
struct
{
    类型名 结构成员名 1;
    类型名 结构成员名 2;
    …
    类型名 结构成员名 n;
}结构变量名表;
```
由于这种情况没有给出结构名,因此该定义语句后面无法再定义这个类型的其他结构变量。一般不建议使用这种结构变量定义方式。

9.2.4　初始化

结构变量也可以初始化。结构变量的初始化采用初始化表的方法,花括号内各数据项之间用逗号隔开,按顺序对应赋给结构变量的各个成员,且要求数据类型一致,未被初始化的成员都将自动清 0。例如:
```
struct people p1 = {10206, "WangMin", 'f', {1983,4,5}, "13812345566", "浙江省杭州
市钱塘区学源街 998 号"};
struct student stu = {101, "zhang", 78, 87, 85};
```
如果结构成员的类型是数组或结构类型,则对其进行初始化时也需要使用一对花括号。例如,p1 变量的 birthday 成员(birthday 已定义,见 9.1.1 节)。stu 变量的 average 成员由于未被初始化,它的值自动赋 0(average 已定义,见 9.2.2 节)。

在 C99 中,结构也可以使用指定初始化式。例如:
```
struct student stu = {.computer = 78, .english = 87};
```
“.”与结构成员名的组合成为指示符。指定初始化式中值的顺序不需要与结构中结构成员的顺序一致。指定初始化式中列出的值前面不一定要有指示符。例如:
```
struct student stu = {.number = 101, "zhang"};
```
没有指定的结构成员都置为默认初始值 0。

9.3　结构变量的使用

9.3.1　结构变量成员的引用

使用结构变量主要就是对其成员进行操作。在 C 语言中,使用结构成员运算符"."来引用结构成员。结构变量成员引用的语法格式如下:

结构变量名.结构成员名

表 9-1 所示为成员运算符及其说明。

表 9-1　成员运算符及其说明

运 算 符	名　称	类　型	优 先 级	结 合 性
.	成员运算符	双目	1	左结合

例如,stu.num、stu.name 分别表示结构变量 stu 中的 num 和 name 成员。在 C 语言中,对结构变量成员的使用方法与同类型的变量完全相同。对嵌套结构成员的引用方法与一般成员的引用方法类似,采用多个成员运算符按从左到右、从外到内的方法进行逐级引用。由于结构成员运算符的优先级极高,使用成员运算符对结构成员的引用几乎相当于原子操作,可以把"结构变量名.结构成员名"看成一个不可分割的整体。

9.3.2　结构变量的整体赋值

两个同类型的数组之间不能使用整体赋值。如果两个结构变量具有相同类型,则允许将一个结构变量的值直接赋给另一个结构变量。在赋值时,将赋值符号右边结构变量的每一个成员的值赋给左边结构变量中的相应成员。这是结构中唯一的整体操作方式。需要注意的是,不能使用关系运算符==和!=来判断两个结构变量是否相等。例如:

```
struct stu s1 = {101, "zhang", 78, 87, 85}, s2;
s2 = s1;          /*可以直接把结构变量 s1 赋给 s2*/
if(s1 == s2)      /*错误,不能使用==来判断结构变量是否相等*/
{
    printf("equal!");
}
```

9.3.3　结构变量作为函数参数

结构变量作为函数参数可以传递多个数据且参数形式简单,但在结构成员较多的情况下,参数传递时所进行的结构数据复制使得程序效率较低。结合上述定义的 date 结构类型,将结构变量作为函数参数:

```
01 int days(struct date d) /*将结构变量作为函数参数*/
02 {
03     int i, total = d.day;
```

```
04        int month[12] = {31, 28 + leap(d.year), 31, 30,
05                  31, 30, 31, 31, 30, 31, 30, 31};
06        for(i = 0; i < d.month - 1; i++)
07            total += month[i];
08        return total;
09 }
```

9.3.4 结构变量的输入/输出

结构变量不能直接进行整体输入/输出，只允许对结构变量成员进行输入/输出。例如：

```
scanf("%d%s%d%d%d", &stu.id, stu.name, &stu.computer, &stu.english, &stu.math);
printf("id=%d,name=%s,average=%.2f\n", stu.id, stu.name, stu.average);
```

在格式化输入/输出结构变量时，要根据各成员的类型使用合适的格式说明符。

【例 9-1】输入学生的姓名和计算机、数学、英语 3 门课程的成绩，编写 print_stu()函数，传入学生结构变量，使用该函数输出学生的姓名、各科成绩及平均成绩。

例题分析：根据题目要求，定义合适的学生结构类型。在编写 print_stu()函数时，可以使用结构变量作为函数参数。在进行输入/输出操作时，注意不能整体赋值。

源代码：

```
01 #include <stdio.h>
02
03 struct student
04 {
05        char name[20];
06        int computer, english, math;
07 };
08
09 void print_stu(struct student s)          /*将结构变量作为函数参数*/
10 {
11        printf("name=%s\n", s.name);        /*结构变量的格式化输出*/
12        printf("computer=%d,english=%d,math=%d\n", s.computer, s.english, s.math);
                                              /*结构变量的格式化输出*/
13        printf("average=%.2f", (s.computer + s.english + s.math) / 3.0);
14 }
15
16 int main()
17 {
18        struct student stu;
19        scanf("%s%d%d%d", stu.name, &stu.computer, &stu.english, &stu.math);
                                              /*结构变量的格式化输入*/
20        print_stu(stu);
21        return 0;
22 }
```

运行结果:

```
Lipeng 78 85 90↙
name=Lipeng
computer=78,english=85,math=90
average=84.33
```

9.4 结构数组

结构数组的定义方法与结构变量的定义方法类似，其语法格式如下：

struct 结构名 结构数组名[数组长度];

在定义结构数组时，可以同时对其进行初始化，其格式与二维数组的初始化类似，在初始化表中嵌套使用初始化表对每个数组元素进行初始化。此时结构数组未被初始化的元素都将自动清 0。例如：

```
struct student
{
    int id;
    char name[20];
    int computer, english, math;
}s[3] = {{1001, "zhang", 68, 73, 87}, {1002, "wang"}};
```

上述代码中，s[0]各成员都被初始化了，s[1]的 id 和 name 两个成员也被初始化，其余成员都被清 0，s[2]未被初始化，它的所有成员都被清 0。

结构数组的其他性质与普通数组的性质相同，这里不再赘述。对结构数组元素成员的引用是通过数组下标和结构成员运算符相结合的方式来实现的，其语法格式如下：

结构数组名[下标].结构成员名

由于结构数组中所有元素都属于相同的结构类型，因此数组元素之间可以直接赋值。

【例 9-2】对学生信息（学号、姓名和 3 门功课程成绩）定义一个结构体类型，再定义 5 个该结构元素的数组并进行初始化。编写程序，输出总分最高的学生信息。

源代码：

```
01 #include <stdio.h>
02 struct student
03 {
04     int id;
05     char name[20];
06     int score[3];
07 };
08 int main()
09 {
10     int i, j, k = 0, sum, max = 0;
11     struct student s[5] = {{10001, "LiLin", {78, 86, 90}},
12                            {10002, "WangMin", {85, 69, 82}},
```

```
13                         {10003, "ZhangFan", {84, 88, 92}},
14                         {10004, "YangQi", {94, 96, 99}},
15                         {10005, "MaLi", {75, 68, 80}}};
16      for(i = 0; i < 5; i++)
17      {
18          for(sum = j = 0; j < 3; j++)
19              sum += s[i].score[j];
20          if(sum > max)
21              max = sum, k = i;
22      }
23      printf("id:%d,name:%s,score:%d,%d,%d", s[k].id, s[k].name, s[k].score[0],
        s[k].score[1], s[k].score[2]);
24      return 0;
25  }
```

运行结果：

```
id:10004,name:YangQi,score:94,96,99
```

9.5　结构指针

指针也可以指向结构变量，指向结构变量的指针就是结构指针。例如：

```
struct student stu = {101, "zhang", 78, 87, 85}, *p = &stu;
```

上述代码定义了一个 struct student 类型的变量 stu 并对其进行初始化，又定义了一个同类型的结构指针 p，并把它初始化为结构变量 stu 的首地址，该地址也是结构变量第一个成员的地址。

有了结构指针的定义，既可以通过结构变量 stu 直接访问结构成员，又可以通过结构指针 p 间接访问它所指向的结构变量中的各个成员。具体有以下两种形式。

（1）使用*p 访问结构成员。

例如：

```
(*p).num = 101;
```

其中*p 就是指针 p 所指向的结构变量。需要注意的是，(*p)中的括号是不可缺少的，因为结构成员运算符"."的优先级高于间接访问运算符"*"的优先级。

（2）使用指向运算符"->"访问指针指向的结构变量的成员。

例如：

```
p->num = 101;
```

表 9-2 所示为指向运算符及其说明。

表 9-2　指向运算符及其说明

运 算 符	名 称	类 型	优 先 级	结 合 性
->	指向运算符	双目	1	左结合

以上两种形式得到的结果是相同的。是使用成员运算符".",还是使用指向运算符"->"，要看运算符前面的变量是结构指针还是结构变量。下面 3 条语句的运行结果相同。

```
stu.num = 101;
(*p).num = 101;
p->num = 101;
```

结构成员运算符和指向运算符的优先级相同，都非常高。当它们出现在表达式中，可以看成不可分的原子操作。

虽然结构成员的类型不能是结构自身，但可以是自身结构的指针。这在数据结构中经常用到。此外，结构变量可以作为函数参数，在参数传递时，要把实参中每一个成员的值复制给形参中对应的成员。当结构成员数量众多时，在参数传递过程中就需要耗费大量的内存空间，导致程序效率降低。而使用结构指针作为函数参数只要传递一个地址值，因此可以极大提高参数传递的效率。当结构变量作为函数参数时，进行的是"值传递"，当使用结构指针作为函数参数时，进行的是"地址传递"。

【例 9-3】使用例 9-2 中的学生结构，编写一个冒泡排序算法，对输入的 n 个学生按照 3 门课程的总分从大到小排序。

源代码：

```
01 int sum_of_score(struct student *p)                /*将结构指针作为函数参数*/
02 {
03     return p->score[0] + p->score[1] + p->score[2];
04 }
05 void stu_bubble_sort(struct student *p, int n)      /*将结构指针作为函数参数*/
06 {
07     int i,j;
08     struct student t;
09     for(i = 0; i < n - 1; i++)
10         for(j = 0; j< n - 1 - i; j++)
11             if(sum_of_score(p + j) < sum_of_score(p + j + 1))
12                 t = p[j], p[j] = p[j + 1], p[j + 1] = t;
13 }
```

9.6 联合和枚举

9.6.1 联合

联合与结构都是构造数据类型，也是一组相关变量的集合。声明联合类型的语法格式如下：

```
union 联合类型名
{
    数据类型 联合成员名1；
    数据类型 联合成员名2；
    …
```

　　　　数据类型 联合成员名 n;
　　};

　　与结构类似，联合也是使用成员运算符 "." 或指向运算符 "->" 访问联合成员。联合与结构在很多方面都相似，只有一个区别：结构变量中的每个成员都有自己独立的内存空间，而联合变量中的所有成员共享一个内存空间。

　　联合变量的特点如下。

　　（1）联合变量在某一时刻只能保存其中一个成员的值。

　　（2）联合变量中起作用的成员是最后一次存放的成员。在存放一个新的成员后原有的成员就失去作用。

　　（3）联合变量的地址与其所有成员的地址都是同一个地址。

　　（4）不能对联合变量名整体赋值，当对联合变量初始化时，只能初始化第一个成员。

　　一个联合变量内存空间的大小是由它最大的成员决定的，也要满足字节对齐机制。在C99中，指定初始化式也可以用在联合中，但只能初始化其中某一个成员。

　　联合一般只用在很特殊的地方。

　　【例9-4】分析以下程序的运行结果。

源代码：

```
01 #include <stdio.h>
02
03 int main()
04 {
05     union EXAM
06     {
07         struct
08         {
09             int x;
10             int y;
11         }in;
12         int a;
13         int b;
14     }e;
15     e.a = 1;
16     e.b = 2;
17     e.in.x = e.a * e.b;
18     e.in.y = e.a + e.b;
19     printf("%d,%d", e.in.x, e.in.y);
20     return 0;
21 }
```

　　例题分析：在main()主函数中，声明了一个联合变量e。在联合变量e中，有3个成员，即a、b和in。联合变量e的内存大小为8字节，由这3个成员中最大成员in决定，这3个成员共享这一块内存。成员in的地址和成员a与成员b的地址是相同的，成员in的地址也就是成员x的地址。

当执行第 15 行代码，把 1 赋给 e.a 时，这 8 字节的前 4 字节中存放了 1。

当执行第 16 行代码，把 2 赋给 e.b 时，前 4 个字节中存放的内容变成了 2。

当执行第 17 行代码 e.in.x = e.a * e.b 时，由于 e.a 的值和 e.b 的值都是 2，因此 e.in.x 的值变成了 4，也就是前 4 字节中存放的内容变成了 4。

当执行第 18 行代码 e.in.y = e.a + e.b 时，此时 e.a 的值和 e.b 的值都变成了 4，因此 e.in.y 的值变成了 8，也就是后 4 字节中存放的内容变成了 8。

因此，在执行第 19 行代码时，输出"4,8"。

9.6.2　枚举

枚举类型的语法格式如下：

enum 枚举类型名{枚举常量1, 枚举常量2, ..., 枚举常量n};

例如：

enum color{RED, GREEN, BLUE};

声明了枚举类型 color，类型为 color 的变量只能取 RED、GREEN 和 BLUE 这 3 个枚举常量值。一旦声明了枚举类型，就可以声明该枚举类型的变量。例如：

enum color c1, c2;

也可以在声明枚举类型时声明枚举类型变量。例如：

enum color{RED, GREEN, BLUE} c1, c2;

也可以匿名声明枚举类型变量。例如：

enum {RED, GREEN, BLUE} c1, c2; /*枚举类型名 color 被省略*/

枚举常量实际上是作为整数来处理的，每个枚举常量代表一个整数值。所以枚举类型的值也可以作为数组下标。在默认情况下，第一个枚举常量的值为 0，且后一个枚举常量的值比前一个枚举常量的值多 1，以此类推。

可以显式地为枚举常量赋一个整数值。例如：

enum color{RED = 10, GREEN = 20, BLUE = 30};

也可以为部分枚举常量赋予特定整数值，其余取默认值。例如：

enum city{BEIJING, SHANGHAI, HANGZHOU = 30, SUZHOU};

枚举常量 BEIJING 的值为 0，SHANGHAI 的值为 1，HANGZHOU 的值为 30，SUZHOU 的值为 31。

连续的枚举成员可以使用循环语句进行遍历，上述不连续的枚举成员不能使用循环语句进行遍历。例如：

```
01 #include <stdio.h>
02
03 enum DAY{MON, TUE, WED, THU = 8, FRI, SAT, SUN};
04
05 int main()
06 {
07     enum DAY day;
08     for(day= MON; day <= SUN; day++)
09         printf("day=%d\n", day);
```

```
10      return 0;
11 }
```

运行结果：

```
day=0
day=1
day=2
day=3
day=4
day=5
day=6
day=7
day=8
day=9
day=10
day=11
```

如果枚举成员的值不连续，则使用循环语句遍历的结果不符合实际情况。

枚举类型值和整型值可以进行混合运算，但要注意防止整数值超出枚举类型值的有效范围。例如：

```
enum {RED, GREEN, BLUE} c;
c = 8;  /*错误*/
```

枚举类型变量 c 只能取值 0、1 和 2，不能被赋值为 8。

9.6.3　用户自定义类型

除了可以直接使用 C 语言提供的标准类型名和自己声明的结构体（如联合体、指针和枚举类型），C 语言还允许用户自定义习惯的数据类型名来替代系统规定的基本类型名与用户构造的类型名。用户可以对这些类型重新取一个别名。

用户自定义类型名的语法格式如下：

```
typedef 原类型名 自定义类型名;
```

其中，自定义类型名通常使用大写字母。例如：

```
typedef int INTEGER;
typedef float REAL;
```

定义完 INTEGER 和 REAL 自定义类型后，在代码中就可以使用它们。例如：

```
INTEGER i, j;                      /*等价于 int i, j;*/
REAL d, f;                         /*等价于 float d, f;*/
```

其他复合数据类型的自定义类型：

```
typedef int I_ARRAY[10];
I_ARRAY a;                         /*等价于 int a[10];*/
typedef struct person
{
   long num;
   char name[20];
```

```
    float wage;
}PERSON;
PERSON p[10];                              /*等价于 struct person p[10];*/
typedef char *POINT_C;
POINT_C pc;                                /*等价于 char *pc;*/
```

typedef 还可以对复杂指针进行重命名:

```
typedef int *(*A[10])(int, char*);         /*用 A 代替每个元素为函数指针,共 10 个元素的指
                                             针数组*/
```

在代码中可以这样使用:

```
01 #include <stdio.h>
02 typedef int *(*A[10])(int, char*);
03 int *test(int a, char *p)
04 {
05     int *ptr = &a;
06     return ptr;
07 }
08 int main()
09 {
10     A a;                                /*定义一个复杂指针类型 A 的变量 a*/
11     a[0] = test;
12     int *p = a[0](10, 0);
13     printf("%d\n", *p);
14     return 0;
15 }
```

运行结果:

```
10
```

9.7 链表

9.7.1 链表的概念

链表是一种常见且重要的动态存储分配的数据结构。它由若干个同一结构类型的"节点"依次串接而成。链表分为单向链表和双向链表。本节只介绍单向链表。

图 9-1 为单向链表组成示意图。

图 9-1 单向链表组成示意图

链表变量可以用指针 head 表示,用来存放链表首节点的地址;链表中每个节点都由数据部分和指向下一节点的指针组成;链表的最后一个节点称为"表尾",其下一个节点的地址部分的值为 NULL。链表的各节点在内存中可以是不连续存放的。例如:

```
struct node
{
    int num;
    char name[20];
    struct node *next;
};
```

成员 num、name 是链表节点的数据部分，next 为指向下一节点指针。

数组和链表都可以存储数据，两者的主要区别如下。

（1）数组的内存空间需要事先分配，而链表的内存空间则可以根据需要分配，内存空间利用率较高。

（2）数组可以很方便地访问某一元素，而链表要访问某一节点则需要从头遍历，挨个查找，没有数组方便。

（3）当插入或删除数据时，数组需要移动大量数据，而链表的操作则比较方便，改变前后节点的下一节点指针指向即可。

（4）数组的内存在栈区静态分配，而链表的内存则在堆区动态分配。栈区的内存随着函数运行结束自动释放，而堆区的内存则由程序员在合适的时候手动释放。

9.7.2　单向链表常用操作

1．建立链表

（1）当建立链表时，先输入新节点数据的数值。例如：

```
scanf("%d%s", &num, name);
```

（2）每个节点都要动态分配空间。例如：

```
p = (struct node*)malloc(sizeof(struct node));
```

（3）分配完内存空间后，用输入的数据给新节点赋值，注意字符串复制函数 strcpy() 不能直接赋值。例如：

```
p->num = num, strcpy(p->name, name);
```

（4）如果新增的节点总是加在链表的末尾，将该新增节点的 next 域设置为 NULL。例如：

```
p->next = NULL
```

如果新增的节点总是加在链表的头部，将代码改为：

```
p->next = head, head = p;
```

上述步骤循环操作，注意头节点指针 head 和尾节点 tail 指针的赋值，直到输完所有节点数据。新增节点加在链表尾部的参考代码如下：

```
01 struct node *create_list()
02 {
03     struct node *head = NULL, *tail, *p;
04     int num;
05     char name[20];
06     while(scanf("%d%s", &num, name) && num > 0)
07     {
```

```
08          p = (struct node*)malloc(sizeof(struct node));
09          p->num = num;
10          strcpy(p->name, name);
11          p->next = NULL;
12          if(head == NULL)
13              head = p;
14          else
15              tail->next = p;
16          tail = p;
17      }
18 }
```

2. 遍历链表

链表的遍历要从首节点开始，逐个访问所有节点，并对每个节点中的数据部分做相应处理。这需要使用循环语句来解决。每次循环后的 p 值变成了下一节点的起始地址。例如：

```
p = p->next;
```

由于各节点在内存中不连续存放，不可以使用 p++ 来寻找下一节点。例如：

```
01 void print_list(struct node *head)
02 {
03     struct node *p = NULL;
04     for(p = head; p; p = p->next)
05         printf("%d %s\n", p->num, p->name);
06 }
```

3. 插入节点

插入节点一般分为两个步骤：首先找到新节点的插入位置，然后插入新节点。假如，原链表中的节点按 num 成员从小到大排列，寻找正确位置的过程是一个遍历过程。要将新节点插入第 i 和 $i+1$ 个节点之间，用 ptr 指向当前准备插入的节点，ptr1 指向第 i 个节点，ptr2 指向第 $i+1$ 个节点，如图 9-2 所示。

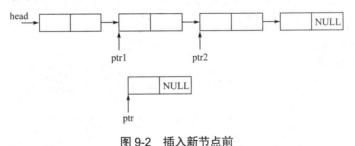

图 9-2　插入新节点前

ptr1 和 ptr2 的关系如下：

```
ptr2 = ptr1->next;
```

插入的过程可以总结为先连后断。

（1）先将新节点与第 $i+1$ 个节点相连接，如图 9-3 所示。即 "ptr->next = ptr2;"。

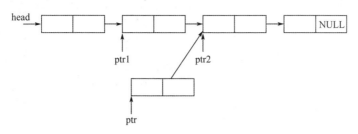

图 9-3　将新节点连到 ptr2 指向的节点

（2）再将第 i 个节点与第 i+1 个节点断开，并使其与新节点相连接，如图 9-4 所示。即
"ptr1->next = ptr;"。

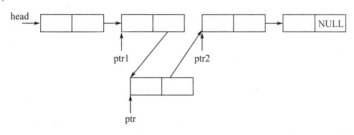

图 9-4　将新节点与 ptr1 指向的节点相连

源代码：

```
01 struct node *insert_node(struct node *head, struct node *ptr)
02 {
03     struct node *ptr1 = NULL,*ptr2 = head;
04     if(head == NULL)        /*如果原链表为空，则新节点 ptr 为头节点*/
05         head = ptr, head->next = NULL;
06     else
07     {                       /*遍历链表找到插入位置 ptr1 和 ptr2*/
08         while(ptr2 != NULL && ptr->num > ptr2->num)
09         ptr1 = ptr2, ptr2 = ptr2->next;
10         ptr->next = ptr2;
11         if(ptr1 != NULL)    /* 不是插在 head 节点前面 */
12             ptr1->next = ptr;
13     }
14     return head;
15 }
```

4．删除节点

删除节点一般也分为两个步骤：首先找到要删除节点的位置，然后做删除操作。找到要删
除节点的位置后，假设 ptr2 指向要删除节点，ptr1 指向要删除节点的前一个节点，如图 9-5
所示。

删除节点的过程可以总结为先接后删。

（1）前一个节点先与后一个节点相连接，如图 9-6 所示。即"ptr1->next = ptr2->next;"。

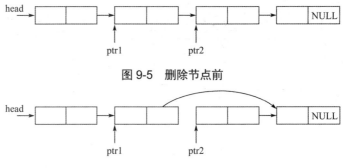

图 9-5 删除节点前

图 9-6 前一个节点直接指向后一个节点

（2）释放要删除的节点内存空间，如图 9-7 所示。即 "free(ptr2);"。

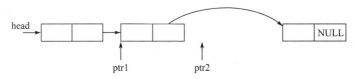

图 9-7 释放要删除的节点内存空间

如果删除的是链表表头（ptr2=head），则表头要后移（head=ptr2->next），再释放原来的表头节点空间。

源代码：

```
01 struct node *delete_node(struct node *head, int num)
02 {
03     struct node *ptr1, *ptr2;
04     for(ptr1 = NULL, ptr2 = head; ptr2; ptr1 = ptr2, ptr2 = ptr1->next)
05     {
06         if(ptr2->num == num)
07         {
08             if(ptr1 != NULL)
09                 ptr1->next = ptr2->next;
10             else
11                 head = ptr2->next;
12             free(ptr2);
13             break;
14         }
15     }
16     return head;
17 }
```

9.8　本章小结

本章首先介绍了结构类型的定义、结构变量的定义和初始化、结构变量的使用。
结构的成员运算符 "." 与指向运算符 "->" 是运算符最高的单目运算符，除括号外，它们与两个操作数几乎是不可分割的整体。结构变量的使用就是对结构成员的引用。

结构变量的输入/输出必须使用格式化输入/输出函数分别输入/输出每个成员的值，不能整体输入/输出。同类型的结构变量之间可以直接赋值。

结构变量可以作为函数参数，它发生的是值传递，参数传递效率较差。可以用结构指针作为函数参数，这样只需传递 4 字节的地址。

在结构中，用户也可以定义数组和指针。

与结构不同，联合类型中的每个成员共享一块内存。在某个时刻只有一个成员起作用。枚举类型的值也是整数值。

最后给出了单链表的创建、遍历、增加和删除节点的源代码。

习题 9

1. 根据以下描述，写出对应语句。

（1）声明一个名为 abc 的结构类型，该类型包括两个成员：整型变量 a 和整型指针变量 p。

（2）声明结构类型 abc 的变量 x、整型变量 i 和整型数组 y（10 个元素）。

（3）给变量 x 的成员 a 赋值 5，使 p 成员指向数组 y。

（4）通过循环语句控制变量 i，并给数组 y 的元素依次赋值，这些值分别为变量 x 的成员 a 的 1 倍、2 倍、……、10 倍。

（5）通过变量 x 的成员 p 输出数组 y 的各元素值。

2. 根据以下描述，写出对应的语句。

```
struct node
{
    char ch;
    struct node *next;
};
```

（1）定义结构类型 node 的变量 x、y 和指针变量 p。

（2）给变量 x 的成员 ch 赋值'A'，使 x 的 next 成员指向 y。

（3）使 p 指向变量 x，并通过 p 给变量 y 的成员 ch 赋值'B'。

（4）使 p 指向变量 y，并通过 p 给变量 y 的成员 next 赋值 NULL。

3. 根据以下描述，写出对应的结果。

```
struct
{
    int x;
    int y;
} s[2] = {{1, 2}, {3, 4}}, *p = s;
```

（1）写出表达式++p->x 的值。

（2）写出表达式(++p)->x 的值。

4. 写出以下程序的运行结果。

```
#include <stdio.h>
struct abc
```

```
{
    int a, b, c;
};
int main()
{
    int t;
    struct abc s[2] = {{1, 2, 3}, {4, 5, 6}};
    t = s[0].a + s[1].b;
    printf("%d\n", t);
    return 0;
}
```

5. 写出以下程序的运行结果。

```
#include <stdio.h>
struct
{
    int a;
    int b;
    struct
    {
        int x;
        int y;
    } ins;
} outs;
int main()
{
    outs.a = 11;
    outs.b = 4;
    outs.ins.x = outs.a + outs.b;
    outs.ins.y = outs.a - outs.b;
    printf("%d,%d", outs.ins.x, outs.ins.y);
    return 0;
}
```

6. 写出以下程序的运行结果。

```
#include <stdio.h>
struct ab
{
    int a;
    int b;
};
void fun(struct ab *x)
{
    x->b = -x->b;
}
```

```
int main()
{
    struct ab x = {2, 5};
    printf("%d,%d\n", x.a, x.b);
    fun(&x);
    printf("%d,%d\n", x.a, x.b);
    return 0;
}
```

7. 写出以下程序的运行结果。

```
#include <stdio.h>
union
{
    char i[2];
    int k;
} r;
int main()
{
    r.i[0] = 2;
    r.i[1] = 0;
    printf("%d\n", r.k);
    return 0;
}
```

8. 写出以下程序的运行结果。

```
#include <stdio.h>
#include <stdlib.h>
struct node
{
    int num;
    struct node *next;
};
int main()
{
    struct node *p, *q, *r;
    int sum = 0;
    p = (struct node *)malloc(sizeof(struct node));
    q = (struct node *)malloc(sizeof(struct node));
    r = (struct node *)malloc(sizeof(struct node));
    p->num = 1;
    q->num = 2;
    r->num = 3;
    p->next = q;
    q->next = r;
    r->next = NULL;
```

```
        sum += q->next->num;
        sum += p->num;
        printf("%d\n", sum);
        return 0;
    }
```

9. 写出以下程序的运行结果。

```
#include <stdio.h>
#include <stdlib.h>
struct node
{
    char info[5];
    struct node *next;
};
struct node *create(char *s)
{
    int i;
    struct node *head, *p;
    head = NULL;
    while(*s)
    {
        i = 0;
        p = (struct node *)malloc(sizeof(struct node));
        while(i < 4 && *s)
            p->info[i++] = *s++;
        p->info[i] = '\0';
        p->next = head;
        head = p;
    }
    return head;
};
void print(struct node *head)
{
    struct node *p = head;
    while(p != NULL)
    {
        puts(p->info);
        p = p->next;
    }
}
int main()
{
    struct node *head = NULL;
```

```
        char s[] = "the teacher";
        head = create(s);
        print(head);
        return 0;
    }
```

10. 如果有如下说明:

```
struct st
{
    short a;
    short b[2];
} a;
```

则以下叙述正确的是（　　　）。

　　A．结构体变量 a 与结构体成员 a 同名，定义是非法的

　　B．程序只在执行到该定义时才会为结构体 st 分配存储单元

　　C．程序运行时为结构体 st 分配 6 字节存储单元

　　D．类型名 struct st 可以通过 extern 关键字提前引用（引用在前，说明在后）

11. 如果有以下结构体定义:

```
struct example
{
    int x;
    int y;
} v1;
```

则以下引用或定义正确的是（　　　）。

　　A．example.x = 10;　　　　　　　　B．example v2; v2.x = 10;

　　C．struct v2; v2.x = 10;　　　　　　D．struct example v2 = {10};

12. 根据下面的定义，能输出字母 M 的语句是（　　　）。

```
struct person
{
    char name[9];
    int age;
};
struct person myclass[10] = {
    "John", 17,
    "Paul", 19,
    "Mary", 18,
    "Adam", 16
};
```

　　A．printf("%c\n", myclass[3].name);

　　B．printf("%c\n", myclass[3].name[1]);

　　C．printf("%c\n", myclass[2].name[1]);

　　D．printf("%c\n", myclass[2].name[0]);

13. 对于如下的结构体定义，如果对变量 person 的出生年份进行赋值，则正确的赋值语句是（   ）。

```
struct date
{
    int year, month, day;
};
struct worker
{
    char name[20];
    char sex;
    struct date birthday;
} person;
```

A．year = 1976;   B．birthday.year = 1976;

C．person.birthday.year = 1976;   D．person.year = 1976;

14. 以下程序的运行结果是（   ）。

```
#include <stdio.h>
struct st
{
    int n;
    int *m;
}*p;
int main()
{
    int d[5]={10,20,30,40,50};
    struct st arr[5]={100,d,200,d+1,300,d+2,400,d+3,500,d+4};
    p=arr;
    printf("%d ",++p->n);
    printf("%d ",(++p)->n);
    printf("%d\n",++*((*p).m));
    return 0;
}
```

A．101 200 21   B．101 20 30

C．200 101 21   D．101 101 10

15. 已知以下联合体定义：

```
union u_type
{
    int i;
    char ch;
} temp;
```

在执行语句 "temp.i = 266;" 后，temp.ch 的值为（   ）。

A．266   B．256   C．10   D．1

16. 写出以下程序的运行结果。

```c
#include <stdio.h>
int main()
{
    enum {a, b = 5, c, d = 4, e};
    printf("%d,%d,%d\n", a, c, e);
    return 0;
}
```

17. 假设有如下定义，变量 a 在内存中所占字节数是_____。

```c
struct stud
{
    char num[6];
    int s[4];
    double ave;
} a;
```

18. 假设有如下定义：

```c
struct
{
    int x;
    char *y;
} tab[2] = {{1, "ab"}, {2, "cd"}}, *p = tab;
```

表达式*p->y 的结果是_____，表达式*(++p)->y 的结果是_____。

19. 写出以下程序的运行结果。

```c
#include <stdio.h>
typedef struct str1
{
    char c[5];
    char *s;
} st;
int main()
{
    static st s1[2] = {{"ABCD", "EFGH"}, {"IJK", "LMN"}};
    static struct str2
    {
        st sr;
        short d;
    } s2 = {"OPQ", "RST", 32767};
    st *p[] = {&s1[0], &s1[1]};
    printf("%c\n", p[0]->c[1]);
    printf("%s\n", (++p[0]->s));
    printf("%c\n", s2.sr.c[2]);
    printf("%hd\n", s2.d + 1);
```

```
    return 0;
}
```

20. 用结构体类型编写程序，先输入一个学生的数学期中和期末成绩，再计算并输出其平均成绩。

21. 有 10 个学生，每个学生的数据包括学号（num）、姓名（name[9]）、性别（sex）、年龄（age）、三门课程成绩（score[3]）。编写程序，要求在 main()主函数中输入这 10 个学生的数据，并对每个学生调用 count()函数计算总分和平均分，在 main()主函数中输出所有各项数据（包括原有的和新求出的）。

22. 建立职工情况链表，每个节点包含的成员为职工号（id）、姓名（name）、工资（salary）。编写程序，使用 malloc()函数开辟新节点，从键盘上输入节点中的所有数据，依次输出这些节点的数据。

23. 编写程序，将一个链表反转排列，即将链表头当作链表尾，链表尾当作链表头。

24. 试编写函数 sumOfKthNodes(struct node *head, int k)，求链表的正数和倒数第 k 个节点的数值的和，并将其输出。链表节点的结构定义如下：

```
struct node
{
    int data;
    struct node *next;
};
```

25. 学院组织教职工秋游，期间时常遇到排队问题，大林编写了一个程序，自动按照以下原则排出先后顺序。

（1）老年人（年龄≥60 岁）要排在非老年人前面。

（2）老年人按从大到小的年龄顺序排队，年龄相同的按秋游报名先后顺序排队。

（3）非老年人按秋游报名的先后顺序排队。

现在输入一个小于 100 的正整数，表示教职工的人数，后面按秋游报名的先后顺序排队，每行输入一个教职工信息，包括一个长度小于 10 的字符串表示工号，一个整数表示教职工年龄，中间用空格隔开。要求按排好的队列顺序输出教职工的工号，每行一个。

第10章 文件

本 章 要 点

- 文件的概念。
- 文件的常用操作。
- 文件的输入/输出。
- 文件定位。

　　许多程序在实现过程中，利用变量保存数据，而变量是通过内存单元存储数据的。程序运行结束后，变量中保存的数据就会消失。在很多应用中，永久保存数据是很重要的。一般程序都是通过键盘输入数据，通过显示器输出数据。如果输入/输出数据量很大，就会受到限制，十分不方便。

　　解决数据永久保存的有效方法是使用文件，把数据存储在磁盘文件中使之能够长久保存。当有大量数据需要进行输入/输出时，可以从事先编辑好的文件中读取数据或把数据写入文件，有效摆脱键盘和显示器的限制，给数据的编辑、阅读、保存和使用带来了很大方便。

10.1 文件的概念

　　操作系统是以文件为单位对数据进行管理的。在 C 语言中，文件作为数据组织的一种形式，与数组、结构等类似，也是 C 语言程序可以直接处理的数据对象。

　　文件是指存储在外部介质中的一组数据的有序集合。文件可以通过应用程序创建，如"记事本"。C 语言程序可以将必要的内存数据输出到文件中，存储在磁盘等外部介质上，这些数据就可以永久存储；而当用户需要使用这些数据时，还可以通过 C 语言程序从文件中将数据存入内存，对数据进行处理。从外部介质中将数据文件存入内存的操作称为"读"操作；从内存中将数据输出到文件中的操作称为"写"操作。

　　根据数据的组织形式，文件可以分为文本文件和二进制文件两种。文本文件是以字符 ASCII 码值进行存储与编码的文件，其文件内容就是字符，用记事本等文本编辑软件打开就可以直接查看文件内容。二进制文件是存储二进制数据的文件，用文本编辑软件打开一般是乱码。C 语言源程序是文本文件，而目标文件和可执行文件则是二进制文件。

　　C 语言对文件的处理采用缓冲文件系统的方式进行，在程序与文件之间有一个内存缓冲区，程序与文件的数据交换通过该缓冲区进行。根据这种文件缓冲的特性，文件系统又分为缓冲文件系统和非缓冲文件系统。

对于缓冲文件系统来说，在进行文件操作时，系统自动为每一个文件分配一块文件内存缓冲区。对于非缓冲文件系统来说，文件缓冲区不是由系统自动分配，而是需要程序员在程序中手动实现分配。不同操作系统对文件的处理有时会有不同。在 UNIX 操作系统中，用缓冲文件系统来处理文本文件，用非缓冲文件系统来处理二进制文件。标准 ANSI C 中规定只采用缓冲文件系统。

使用缓冲文件系统可极大提高文件操作速度。缓冲区的大小由 C 语言版本决定。缓冲文件系统会自动在内存中为被操作的文件开辟一块连续的内存作为文件缓冲区。当要把数据存储到文件时，首先把数据写入文件缓冲区，一旦写满，操作系统自动把全部数据写入磁盘；然后把文件缓冲区清空，新的数据继续写入文件缓冲区。当要从文件读取数据时，系统先自动把文件的数据导入文件缓冲区供 C 语言程序读入数据，一旦缓冲区的数据都被读入，系统自动把剩下的数据继续导入文件缓冲区，供 C 语言程序继续读入新数据。

10.2　文件结构和文件指针

FILE 是 C 语言为了具体实现对文件的操作而定义的一个包含文件操作相关信息的结构类型。FILE 类型是用 typedef 重命名的，在 stdio.h 中定义。

```
typedef struct
{
    short level;                 /*缓冲区"满"或"空"的程度*/
    unsigned flags;              /*文件状态标志*/
    char fd;                     /*文件描述符*/
    unsigned char hold;          /*无缓冲区不读取字符*/
    short bsize;                 /*缓冲区的大小*/
    unsigned char *buffer;       /*数据缓冲的位置*/
    unsigned char *curp;         /*当前指针的指向*/
    unsigned istemp;             /*临时文件，指示器*/
    short token;                 /*用于有效性检查*/
}FILE;
```

在上述定义中，typedef 关键字把结构类型重新命名为 FILE。

自定义类型 typedef 不是用来定义新的数据类型，而是将已有类型或已定义过的类型重新命名，用新的名称代替已有类型名称。自定义类型的语法格式如下：

```
typedef 已有类型名 新类型名；
```

一般要求重新定义的类型名使用大写字母。例如：

```
typedef struct point
{
    int x;
    int y;
}POINT;
POINT pt1, pt2;              /*等价于 struct point pt1,pt2;*/
```

C 语言中的文件操作都是通过调用标准库函数来完成的。由于结构指针的参数传递效率更高，因此 C 语言文件操作统一以文件指针方式来实现。定义文件指针的语法格式如下：

```
FILE *文件指针变量;
```

文件指针是特殊的指针。FILE 结构中的 curp 成员表示文件缓冲区中数据存取的位置。对一般程序员来说，不必关心 FILE 结构内部的具体内容，这些内容由系统在打开文件时填入和使用。C 语言程序主要使用文件指针 fp 表示文件整体。文件指针不能进行 fp++或*fp 等操作。文件操作具有顺序性特点，取出前一个数据后，下一次将顺序取出后一个数据，fp->curp 才会发生改变，这个改变由操作系统在读/写文件时自动完成，不需要程序员手动操作。

C 语言的文件操作步骤一般为：①定义文件指针；②打开文件，文件指针指向磁盘文件缓冲区；③文件处理，进行文件读/写操作；④关闭文件。

10.3　文件的常用操作

文件常用操作函数一般定义在 stdio.h 头文件中。

10.3.1　打开文件

打开文件功能用于建立系统与操作文件之间的关联，指定操作文件名并请求系统分配相应的文件缓冲区。fopen()函数用于打开文件，其函数原型为：

```
FILE *fopen(const char *filename, const char *mode);
```

- filename 为文件名。一般要写出文件路径。如果不写路径，则默认与应用程序的当前路径相同。如果包含路径，则定位子目录需要用双斜杠 "\\" 代替 "\"，因为在 C 语言的字符串中，"\\" 表示实际的 "\"。
- mode 为文件打开方式。文件打开方式用于确定对打开的文件将进行什么操作。表 10-1 列出了 C 语言中文件的打开模式及其说明。

表 10-1　C 语言中文件的打开模式及其说明

字　符　串	说　　明
r	以只读方式打开文件，该文件必须存在
r+	以读/写方式打开文件，该文件必须存在
rb+	以读/写方式打开一个二进制文件，只允许读/写数据
rt+	以读/写方式打开一个文本文件，允许读和写
w	打开只写文件。如果文件存在，则文件长度清零，即该文件内容消失；如果文件不存在，则创建该文件
w+	打开可读/写文件。如果文件存在，则文件长度清零，即该文件内容消失；如果文件不存在，则创建该文件
a	以附加方式打开只写文件。如果文件不存在，则创建该文件；如果文件存在，则写入的数据会被添加到文件末尾，即文件原先的内容被保留（EOF 符不会被保留）
a+	以附加方式打开可读/写文件。如果文件不存在，则创建该文件；如果文件存在，则写入的数据会被添加到文件末尾，即文件原先的内容被保留（EOF 符不会被保留）

字 符 串	说 明
wb	以只写方式打开或新建一个二进制文件，只允许写数据
wb+	以读/写方式打开或新建一个二进制文件，允许读和写
wt+	以读/写方式打开或新建一个文本文件，允许读和写
at+	以读/写方式打开一个文本文件，允许读或在文本末尾追加数据
ab+	以读/写方式打开一个二进制文件，允许读或在文件末尾追加数据

如果能顺利打开文件，则返回指向该文件的文件指针，否则返回 NULL，并把错误代码存储在 error 中。

一旦文件通过 fopen()函数正常打开后，对该文件的操作方式就被确定，并且直至文件关闭都不变。C 语言允许同时打开多个文件，不同文件采用不同文件指针，但不允许同一个文件在关闭前再次被打开。

10.3.2 关闭文件

当文件操作完成后，应及时关闭该文件以防止不正常的操作。在把数据写入文件时，先写到文件缓冲区，写满后系统再写入磁盘。如果要写入文件的数据体积大于缓冲区的大小，则发生程序异常终止，缓冲区中的数据将会丢失。当文件操作结束时通过关闭文件操作，能强制把缓冲区中的数据写入磁盘，确保写文件正常完成。

fclose()函数用于关闭文件，其函数原型为：

```
int fclose(FILE *fp);
```

fp 为之前用 fopen 打开的文件指针。如果成功关闭文件，则函数的返回值为 0，否则返回 EOF。

EOF（End of File）表示文件末尾，在 stdio.h 头文件中用宏定义为 "#define EOF -1"。

10.3.3 删除文件

remove()函数用于删除文件，其函数原型为：

```
int remove(const char *filename);
```

remove()函数的参数是文件名而不是文件指针。如果成功删除文件，则函数的返回值为 0，否则返回非 0 值。例如：

```
remove("example.txt");
```

10.3.4 重命名文件

rename()函数用于重命名文件，其函数原型为：

```
int rename(const char *old, const char *new);
```

rename()函数的参数是文件名而不是文件指针，第一个参数 old 是旧文件名，第二个参数 new 是新文件名。如果成功重命名了文件，则函数的返回值为 0，否则返回非 0 值。例如：

```
rename("oldexample.txt", "newexample.txt");
```

需要注意的是，在删除或重命名文件之前，必须先关闭该文件，否则会操作失败。

10.4　文件的读/写操作

文件读/写函数分为字符读/写函数、字符串读/写函数、文件格式化读/写函数和文件数据块读/写函数。下面分别进行介绍。

10.4.1　字符读/写函数：fgetc()和 fputc()

（1）fgetc()函数用于从指定文件中读取一个字符，其函数原型为：

```
int fgetc(FILE *fp);
```

fp 为文件指针。当使用 fgetc()函数成功读取字符时返回读取到的字符，当读取到文件末尾或读取失败时返回 EOF。

（2）fputc()函数用于向文件中写入一个字符，其函数原型为：

```
int fputc(int ch, FILE *fp);
```

ch 为要写入的字符，fp 为文件指针。当使用 fputc()函数成功写入字符时返回写入的字符，当写入失败时返回 EOF。

如果 fgetc()函数和 fputc()函数读/写成功，则返回的是读/写的字符（0x00～0xff），否则返回 EOF。其返回值类型之所以是 int 类型，主要是为了兼容 EOF，而 EOF 被定义为负数。

【例 10-1】编写程序，打开 D 盘根目录下的 example.txt 文件，将其内容复制到 newexample.txt 文件中。

例题分析：首先需要声明两个文件指针，一个文件只读，另一个文件只写；然后依次从一个文件中读入字符并写入另一个文件，直到文件结束。

源代码：

```
01 #include <stdio.h>
02
03 int main()
04 {
05     FILE *infile, *outfile;
06     int ch;
07     infile = fopen("D:\\example.txt", "r");
08     outfile = fopen("D:\\newexample.txt", "w");
09     while((ch = fgetc(infile)) != EOF)
10         fputc(ch, outfile);
11     fclose(infile);
12     fclose(outfile);
13     return 0;
14 }
```

在本例题中，infile 和 outfile 分别使用"r"和"w"方式打开，它们只能处理文本文件，如果使用"rb"和"wb"方式打开，则能处理文本文件和二进制文件。

另外，变量 ch 的类型一定要声明为 int 类型，否则，如果读到 0xff 的字符，则它先扩充到 4 字节时变成 0xffffffff，再与值为-1 的 EOF 比较时会出现相等的情况，导致提前结束循环。如果将变量 ch 的类型声明为 int 类型，则读到 0xff 字符时返回的就是 0x000000ff，再与值为-1 的 EOF 比较时不等，不会出现提前结束循环。

此外，这段代码是有瑕疵的，因为 fgetc()函数返回 EOF 并不一定到了文件末尾，因为文件读取失败也会返回 EOF。

10.4.2 字符串读/写函数：fgets()和 fputs()

（1）fgets()函数用于从指定文件中读取一个字符串，并保存到字符数组中，其函数原型为：

```
char *fgets(char *str, int n, FILE *fp);
```

str 为字符数组，n 为要读取的字符数目，fp 为文件指针。如果读取成功，则返回字符数组首地址，即 str；如果读取失败或已到达文件末尾，则返回 NULL。读取到的字符串会在末尾自动添加'\0'，n 也包含'\0'，实际只读取到 n-1 个字符。不管 n 的值设置得多大，fgets()函数最多只能读取一行数据，不能跨行。当遇到换行时，fgets()函数会把换行符一起读到字符数组中，而 gets()不会把换行符一起读到字符数组中。

（2）fputs()函数用于向指定的文件写入一个字符串，其函数原型为：

```
int fputs(char *str, FILE *fp);
```

str 为要写入的字符串，fp 为文件指针。如果写入成功，则返回非负数；如果写入失败，则返回 EOF。fputs()函数不会额外写入换行符，但 puts()函数会额外输出'\n'。

【例 10-2】使用 fgets()函数和 fputs()函数改写例 10-1。

例题分析：假设一行最多读入的字符数为 200 个。

源代码：

```
01 #include <stdio.h>
02
03 int main()
04 {
05     FILE *infile, *outfile;
06     char buffer[200];
07     infile = fopen("D:\\example.txt", "r");
08     outfile = fopen("D:\\newexample.txt", "w");
09     while(fgets(buffer, 200, infile) != NULL)
10        fputs(buffer, outfile);
11     fclose(infile);
12     fclose(outfile);
13     return 0;
14 }
```

10.4.3 文件格式化读/写函数：fscanf()和 fprintf()

fscanf()函数和 fprintf()函数的功能与 scanf()函数和 printf()函数的功能类似，都是格式化读/写函数。两者的区别在于 fscanf()函数和 fprintf()函数的读/写对象是磁盘文件。

这两个函数的原型为：

```
int fscanf(FILE *fp, char *format, ...);
int fprintf(FILE *fp, char *format, ...);
```

fp 为文件指针，format 为格式控制字符串，...表示参数列表。fprintf()函数用于返回成功写入文件的字符个数，如果写入文件失败，则返回负数。fscanf()函数用于返回参数列表中被成功赋值的参数个数。

【例 10-3】使用 fscanf()函数和 fprintf()函数改写例 10-1。

源代码：

```
01 #include <stdio.h>
02
03 int main()
04 {
05     FILE *infile, *outfile;
06     char ch;
07     infile = fopen("D:\\example.txt", "r");
08     outfile = fopen("D:\\newexample.txt", "w");
09     while(fscanf(infile,"%c", &ch) > 0)
10         fprintf(outfile,"%c", ch);
11     fclose(infile);
12     fclose(outfile);
13     return 0;
14 }
```

10.4.4 文件数据块读/写函数：fread()和 fwrite()

尽管使用格式化读/写函数 fscanf()和 fprintf()可以从磁盘文件读/写任何类型的文件（包括二进制文件），但是考虑到文件的读/写效率等原因，还是建议使用 fread()函数和 fwrite()函数进行二进制文件读/写操作。

这两个函数的原型为：

```
size_t fread(void *buf, size_t size, size_t count, FILE *fp);
size_t fwrite(const void *buf, size_t size, size_t count, FILE *fp);
```

size_t 类型可以被理解为 unsigned int，是一个非负数类型。参数 size 是指单个元素大小，其单位为字节，参数 count 是指要读/写的元素个数。这些元素在 buf 所指内存空间中连续存放，共 size×count 字节。

fread()函数和 fwrite()函数的返回值为读/写的记录数。如果运行成功，则返回的记录数等于 count。如果运行出错或读到文件末尾，则返回读/写成功的记录数（一般该记录数小于 count），也可能返回 0。参数 size 和 count 与内存字节位置对齐无关。

【例 10-4】使用 fread()函数和 fwrite()函数改写例 10-1。

例题分析：把处理文件当成二进制文件进行处理，先把每次读取的 1 字节放入字符变量中，再写入输出文件。

源代码：

```
01 #include <stdio.h>
02
03 int main()
04 {
05     FILE *infile, *outfile;
06     char ch;
07     infile = fopen("D:\\example.txt", "rb");
08     outfile = fopen("D:\\newexample.txt", "wb");
09     while(fread(&ch, 1, 1, infile))
10         fwrite(&ch, 1, 1, outfile);
11     fclose(infile);
12     fclose(outfile);
13     return 0;
14 }
```

10.5 其他文件函数

10.5.1 文件定位函数：rewind()和 fseek()

rewind()函数用于将位置指针移动到文件开头，其函数原型为：
```
void rewind(FILE *fp);
```
fseek()函数用于将位置指针移动到任意位置，其函数原型为：
```
int fseek(FILE *fp, long offset, int origin);
```
参数说明如下。

（1）fp 为文件指针，也就是被移动的文件。

（2）offset 为偏移量，也就是要移动的字节数。当 offset 为正数时，向后移动；当 offset 为负数时，向前移动。

（3）origin 为起始位置，也就是从何处开始计算偏移量。C 语言规定的起始位置有文件开头、当前位置和文件末尾 3 种，分别用 0、1、2 或常量 SEEK_SET、SEEK_CUR、SEEK_END 来表示。

fseek()函数只返回执行结果是否成功，并不返回文件的读/写位置。

fseek()函数一般应用于二进制文件，由于应用在文本文件中要对回车换行进行转换，因此计算的位置有时会出错。

10.5.2 文件位置函数：ftell()

ftell()函数用于得到文件位置指针当前位置相对于文件首的偏移字节数，其函数原型为：
```
long ftell(FILE *fp);
```
如果发生错误，则返回-1L。

利用 fseek()函数和 ftell()函数，可以很容易地计算文件大小。

【例 10-5】编写函数，传入文件指针，返回该文件大小。

例题分析：先保存当前文件位置指针，再把文件位置指针移到文件末尾，此时利用 ftell()
函数获得文件末尾与文件头部相差的字节数并最终返回，恢复文件位置指针设置。

源代码：

```
01 int getfilelength(FILE *fp)
02 {
03     int curpos = 0, length = 0;
04     curpos = ftell(fp);
05     fseek(fp, 0, SEEK_END);
06     length = ftell(fp);
07     fseek(fp, curpos,SEEK_SET);
08     return length;
09 }
```

10.5.3　文件结束检测函数：feof()

使用 fgetc()函数返回 EOF 并不一定就表示文件结束，读取文件出错也会返回 EOF。仅
凭返回 EOF 就认为文件结束是不正确的。因此，我们需要使用 feof()函数来检测文件是否结
束，其函数原型为：

```
int feof(FILE *fp);
```

需要注意的是，当文件位置指针指向文件结束时，并未立即置位 FILE 结构中的文件结
束标记，只有再执行一次读文件操作，才会置位结束标志，此后调用 feof()函数才返回正确
结果。例如：

```
01 #include <stdio.h>
02 int main()
03 {
04     FILE *fp;
05     char c;
06     fp = fopen("D:\\myfile.txt", "r");
07     while(!feof(fp))
08     {
09         c = fgetc(fp);
10         printf("%c:%x\n", c, c);
11     }
12     fclose(fp);
13     return 0;
14 }
```

假设 myfile.txt 文件中存储的是"ABCDEF"，实际输出结果为：

```
A:41
B:42
C:43
D:44
```

```
E:45
F:46
□:ffffffff
```

输出多了一个结束字符 EOF。为了解决上述情况，需要在 while(!feof(fp))循环语句中进行判断。例如：

```
01 while(!feof(fp))
02 {
03     c = fgetc(fp);
04     if(c != -1)
05         printf("%c:%x\n", c, c);
06 }
```

也可以采用下面的方式进行判断：

```
01 while(1)
02 {
03     c = fgetc(fp);
04     if(feof(fp))
05         break;
06     printf("%c:%x\n", c, c);
07 }
```

或者

```
01 for(c = fgetc(fp); !feof(fp); c = fgetc(fp))
02     printf("%c:%x\n", c, c);
```

修改后，上述程序的输出结果为：

```
A:41
B:42
C:43
D:44
E:45
F:46
```

10.5.4 文件重定向函数：freopen()

freopen()函数的功能是替换一个流，或者说重新分配文件指针，实现重定向，其函数原型为：

```
FILE *freopen(const char *filename, const char *mode, FILE *stream);
```

如果已经打开 stream，则先关闭该流。如果该流已经定向，则 freopen 将会清除该定向。此函数一般用于将一个指定的文件打开为一个预定义的流：标准输入、标准输出或标准错误。如果重定向成功，则返回文件指针，否则返回 NULL。

freopen()函数经常在算法竞赛中使用。参赛者的数据一般需要多次输入，或者输出数据量较大导致显示器无法完整显示，为了克服这些问题，可以使用 freopen()函数。例如，运行下面程后，通过 printf 语句不会把相应内容输出到显示器上，而是输出到文件中。

源代码：

```
01 #include <stdio.h>
02
03 int main()
04 {
05     freopen("D:\\myfile.txt", "w", stdout);
06     printf("This sentence is redirected to a file.");
07     fclose(stdout);
08     return 0;
09 }
```

当打开 D 盘下的 myfile.txt 文件后，就会发现文件中有通过 printf()函数输出的内容。也可以重定向标准输入，下列代码通过 gets()函数将从刚才的 myfile.txt 文件中读取数据，并把"This sentence is redirected to a file."显示到屏幕上。

源代码：

```
01 #include <stdio.h>
02
03 int main()
04 {
05     char line[100];
06     freopen("D:\\myfile.txt", "r", stdin);
07     gets(line);
08     puts(line);
09     fclose(stdin);
10     return 0;
11 }
```

还可以重定向标准输入/输出。

源代码：

```
01 #include <stdio.h>
02
03 int main()
04 {
05     char line[100];
06     freopen("D:\\myfile.txt","r", stdin);
07     freopen("D:\\newfile.txt","w", stdout);
08     gets(line);
09     puts(line);
10     fclose(stdin);
11     fclose(stdout);
12     return 0;
13 }
```

在算法竞赛中，一般在调试时使用 freopen()函数，如果调试完后，则要在 OJ 系统上提交代码，一定要把相关重定向的代码注释后再提交。

10.6　本章小结

本章首先介绍了文件的一些概念及文件的两种不同类型：文本文件和二进制文件。

文件类型 FILE 实质上是一个结构类型。一般用文件指针指向并操作打开的一个文件。打开文件时可以设置不同的读/写模式。

常用文件操作有打开文件、关闭文件、删除文件、重命名文件等。

文件读/写操作主要包括字符读/写函数 fgetc()和 fputc()、字符串读/写函数 fgets()和 fputs()、文件格式化读/写函数 fscanf()和 fprintf()及文件数据块读/写函数 fread()和 fwrite()。一般使用 fread()函数和 fwrite()函数读/写二进制文件。

最后介绍了文件定位函数 rewind()和 fseek()、文件位置函数 ftell()、文件结束检测函数 feof()及文件重定向函数 freopen()的用法。文件重定向函数在算法竞赛在线判题时经常用到。

习题 10

1．C 语言可以处理的文件类型是（　　）。
   A．文本文件和数据文件　　　　　　B．文本文件和二进制文件
   C．数据文件和二进制文件　　　　　D．数据文件和非数据文件
2．在 C 语言程序中，可以把整型数以二进制形式存放到文件中的函数是（　　）。
   A．fprintf()函数　　B．fread()函数　　C．fwrite()函数　　　D．fputc()函数
3．如果 fp 是指向某文件的指针，且已读到此文件末尾，则函数 feof(fp)的返回值是（　　）。
   A．EOF　　　　　　B．0　　　　　　D．非零值　　　　　　D．NULL
4．对 A 盘上的 user 子目录下名为 abc.txt 的文本文件进行读/写操作。下面符合要求的函数调用是（　　）。
   A．fopen("A:\\user\\abc.txt", "r")
   B．fopen("A:\\user\\abc.txt", "r+")
   C．fopen("A:\\user\\abc.txt", "rb")
   D．fopen("A:\\user\\abc.txt", "w")
5．使用 fseek()函数可以实现的操作是（　　）。
   A．改变文件的位置指针的当前位置
   B．实现文件的顺序读/写
   C．实现文件的随机读/写
   D．以上都不对
6．已知函数的调用形式"fread(buffer, size, count, fp);"，其中，buffer 表示（　　）。
   A．一个整型变量，表示要读入的数据项总数
   B．一个文件指针，指向要读入的文件

    C．一个指针，指向要存放读入数据的地址

    D．一个存储区，存放要读入的数据项

7．如果使用 fopen()函数打开一个已存在的文本文件，保留该文件原有数据且可以读也可以写，则文件打开模式是（   ）。

    A．"r+"   B．"w+"   C．"a+"   D．"a"

8．C 语言中标准输入文件 stdin 指的是（   ）。

    A．键盘   B．显示器   C．鼠标   D．硬盘

9．根据以下描述，写出对应的语句。

    （1）声明文件指针 fp。

    （2）打开 example.txt 文件，使文件指针 fp 指向该文件。

    （3）将字符串"eat well sleep well have fun day by day."写入 example.txt 文件中。

    （4）关闭 example.txt 文件。

10．根据以下描述，写出对应语句。

    （1）打开上一题中的 example.txt 文件。

    （2）打开 newexample.txt 文件。

    （3）读取 example.txt 文件中的字符串，存放在数组 str 中。

    （4）将该字符串中的小写字母转换为大写字母。

    （5）把转换后的字符串写入 newexample.txt 文件中。

    （6）关闭 example.txt 文件与 newexample.txt 文件。

11．假设 foo.txt 文本文件中的原有内容为 good，写出以下程序的运行结果。

```
#include <stdio.h>
int main()
{
    FILE *fp;
    fp = fopen("foo.txt", "a");
    fprintf(fp, "abc");
    fclose(fp);
    return 0;
}
```

12．写出以下程序的运行结果。

```
#include <stdio.h>
int main()
{
    FILE *fp;
    int i, m = 0, n = 0;
    fp = fopen("source.txt", "w");
    for(i = 0; i < 5; i++)
        fprintf(fp, "%d", i);
    fclose(fp);
    fp = fopen("source.txt", "r");
```

```
        fscanf(fp, "%d%d", &m, &n);
        printf("%d,%d", m, n);
        fclose(fp);
        return 0;
    }
```

13. 写出以下程序的运行结果。

```
#include <stdio.h>
int main()
{
    FILE *fp;
    int x = 20, y = 30, m, n;
    fp = fopen("example.txt", "w");
    fprintf(fp, "%d\n", x);
    fprintf(fp, "%d\n", y);
    fclose(fp);
    fp = fopen("example.txt", "r");
    fscanf(fp, "%d%d", &m, &n);
    printf("%d %d\n", m, n);
    fclose(fp);
    return 0;
}
```

14. 运行以下程序后，example.txt 文件中的内容是什么？

```
#include <stdio.h>
#include <string.h>
void fun(char *filename, char *str)
{
    FILE *fp;
    int i;
    fp = fopen(filename, "w");
    for(i = 0; i < strlen(str); ++i)
        fputc(str[i], fp);
    fclose(fp);
}
int main()
{
    fun("example.txt", "belivable");
    fun("example.txt", "awesome");
    return 0;
}
```

15. 写出以下程序的运行结果。

```
#include <stdio.h>
int main()
{
```

```
        FILE *fp;
        int i, n;
        fp = fopen("example.txt", "wb+");
        for(i = 1; i <= 10; i++)
            fprintf(fp, "%3d", i);
        for(i = 1; i < 10; ++i)
        {
            fseek(fp, i * 3, SEEK_SET);
            fscanf(fp, "%d", &n);
            printf("%3d\n", n);
        }
        fclose(fp);
        return 0;
    }
```

16. 以下程序的功能是什么？

```
    #include <stdio.h>
    int main()
    {
        FILE *fp;
        long count = 0;
        fp = fopen("example.txt", "r");
        fgetc(fp);
        while(!feof(fp))
        {
            ++count;
            fgetc(fp);
        }
        fclose(fp);
        printf("count=%ld\n", count);
        return 0;
    }
```

17. 以下程序的功能是什么？

```
    #include <stdio.h>
    int main()
    {
        FILE *fp;
        long size;
        fp = fopen("example.dat", "rb");
        fseek(fp, 0L, SEEK_END);
        size = ftell(fp);
        fseek(fp, 0L, SEEK_SET);
        size -= ftell(fp);
        fclose(fp);
```

```
        printf("size=%d\n", size);
        return 0;
    }
```

18. 找出以下函数中的错误，并说明如何修改。函数功能是统计文件中句号的个数。

```
int count_periods(const char *filename)
{
    FILE *fp;
    int n = 0;
    if((fp = fopen(filename, "r")) != NULL)
    {
        while(fgetc(fp) != EOF)
            if(fgetc(fp) == '.')
                ++n;
        fclose(fp);
    }
    return n;
}
```

19. 以下程序把从终端读取的文本（用@作为文本结束标志）输出到一个名为 bi.dat 的新文件中。请填空。

```
#include <stdio.h>
int main()
{
    FILE *fp;
    char ch;
    if((fp = fopen(_____)) == NULL)
        exit(0);
    while((ch = getchar()) != '@')
        fputc(ch, fp);
    fclose(fp);
    return 0;
}
```

20. 以下程序将从终端上读取的 5 个整数以二进制形式写入 zheng.dat 文件中。请填空。

```
#include <stdio.h>
#include <stdlib.h>
int main()
{
    FILE *fp;
    int i, j;
    if((fp = fopen("zheng.dat", _____)) == NULL)
        exit(0);
    for(i = 0; i < 5; i++)
    {
        scanf("%d", &j);
```

```
        fwrite(_____, sizeof(int), 1, _____);
    }
    fclose(fp);
    return 0;
}
```

21. 编写程序，在 file.txt 文本文件中有若干个句子，现在要求把它们按每行一个句子的格式输出到 file2.txt 文本文件中。

22. 编写程序，统计 file.txt 文本文件中所包含的字母、数字和空白字符的个数。

23. 编写程序，将 f1.txt 文本文件和 f2.txt 文本文件中的字符按从小到大的顺序输出到 f3.txt 文本文件中。

24. 编写程序，统计 file.txt 文本文件中的单词个数。

25. 编写程序，将一个文本文件的内容连接到另一个文本文件的末尾。

26. 编写程序，从键盘上输入 10 名职工的数据，并将其输出到 worker.rec 文件中保存。先设职工数据包括职工号、姓名、工资，再从 worker.rec 文件中读取这些数据，并依次显示在屏幕上（要求使用 fread()函数和 fwrite()函数）。

27. 编写程序，打开一个文本文件，按逆序显示该文本文件中的内容。

28. 设 student.dat 文件中存放着学生的基本情况，这些情况由以下结构体描述：

```
struct student
{
    long num;              /*学号*/
    char name[10];         /*姓名*/
    int age;               /*年龄*/
    char speciality[20];   /*专业*/
};
```

编写程序，输出学号在 97010～97020 的学生的学号、姓名、年龄和专业。

附录 A ASCII 码表

低四位	ASCII 非打印控制字符 0000 (0)				ASCII 非打印控制字符 0001 (1)				ASCII 打印字符 0010 (2)	0011 (3)	0100 (4)	0101 (5)	0110 (6)	0111 (7)	
高四位	十进制数	字符	ctrl	代码	字符解释	十进制数	字符	ctrl	代码	字符解释	十进制数 字符	十进制数 字符	十进制数 字符	十进制数 字符	十进制数 字符	十进制数 字符 ctrl
0000 (0)	0	BLANK NULL	^@	NULL	空	16	▲	^P	DLE	数据链路转意	32 (space）	48 0	64 @	80 P	96 `	112 p
0001 (1)	1	☺	^A	SOH	头标开始	17	▼	^Q	DC1	设备控制1	33 !	49 1	65 A	81 Q	97 a	113 q
0010 (2)	2	☻	^B	SIX	正文开始	18	↔	^R	DC2	设备控制2	34 "	50 2	66 B	82 R	98 b	114 r
0011 (3)	3	♥	^C	ETX	正文开始	19	‼	^S	DC3	设备控制3	35 #	51 3	67 C	83 S	99 c	115 s
0100 (4)	4	♦	^D	EOF	传输结束	20	¶	^T	DC4	设备控制4	36 $	52 4	68 D	84 T	100 d	116 t
0101 (5)	5	♣	^E	ENQ	查询	21	§	^U	NAK	反确认	37 %	53 5	69 E	85 U	101 e	117 u
0110 (6)	6	♠	^F	ACK	确认	22	▬	^V	SYN	同步空闲	38 &	54 6	70 F	86 V	102 f	118 v
0111 (7)	7	●	^G	BEL	震铃	23	↨	^W	ETD	传输块结束	39 '	55 7	71 G	87 W	103 g	119 w
1000 (8)	8	◙	^H	DS	退格	24	↑	^X	CAN	取消	40 (	56 8	72 H	88 X	104 h	120 x
1001 (9)	9	○	^I	TAB	水平制表	25	↓	^Y	EM	媒体结束	41)	57 9	73 I	89 Y	105 i	121 y
1010 (A)	10	◘	^J	LF	换行/执行	26	→	^Z	SUB	替换	42 *	58 :	74 J	90 Z	106 j	122 z
1011 (B)	11	□	^K	VT	竖直制表	27	↓	^[	ESC	转意	43 +	59 ;	75 K	91 [	107 k	123 {
1100 (C)	12	□	^L	FF	换页/断页	28	⌐	^\	FS	文件分隔符	44 ,	60 <	76 L	92 \	108 l	124 |
1101 (D)	13	♪	^M	CR	回车	29	↔	^]	GS	组分隔符	45 -	61 =	77 M	93]	109 m	125 }
1110 (E)	14	♫	^N	SO	移出	30	◄	^^	RS	记录分隔符	46 .	62 >	78 N	94 ^	110 n	126 ~
1111 (F)	15	☼	^O	SI	移入	31	►	^_	US	单元分隔符	47 /	63 ?	79 O	95 _	111 o	127 ◄ ^Back space

附录 B　运算符优先级及结合性表

优 先 级	运 算 符	功 能	类 型	名 称	结 合 性
1	（　）	圆括号	双目		左结合
	[　]	下标			
	—>	指针引用结构体成员			
	.	取结构体变量成员			
2	!	逻辑非	单目		右结合
	~	按位取反			
	+	正号			
	—	负号			
	（类型名）	类型强制转换			
	*	取指针内容			
	&	取地址运算符			
	++	自增			
	——	自减			
	sizeof	长度运算符			
3	*	相乘	双目	算术运算	左结合
	/	相除			
	%	取余			
4	+	相加			
	—	相减			
5	<<	左移		移位运算	
	>>	右移			
6	>	大于		关系运算	
	<	小于			
	>=	大于或等于			
	<=	小于或等于			
7	==	等于			
	!=	不等于			
8	&	位与		位运算	
9	^	位异或			
10	|	位或			
11	&&	逻辑与		逻辑运算	
12	||	逻辑或			

优　先　级	运　算　符	功　能	类　型	名　称	结　合　性
13	?:	条件运算符	三目	条件运算	右结合
14	=、+=、−=、*=、/=、%=、&=、^=、|=、>>=、<<=	算术运算符	双目	赋值运算	右结合
15	,	逗号运算符		逗号运算	左结合

附录 C　程序调试

1．调试简介

如果在编译和连接的过程中出现语法错误，则需要根据错误提示信息返回编辑窗口并修改源程序。这种错误一般比较容易修改。一旦程序出现逻辑错误，程序运行所产生的结果有可能不是理想的。例如，把"if(i==0)"写成"if(i=0)"，虽然程序也能通过语法检查，但是运行结果极有可能不正确。

如果程序发生了逻辑错误，则需要对程序进行调试。调试是在程序中查找错误并修改错误的过程。调试最主要的工作是找出错误发生的地方。

一般程序的编程环境都提供了相应的调试手段。调试最主要的方法有两种：printf 法和调试工具法。这两种方法都需要事先预估变量值，并观察程序在运行过程中变量值的变化是否符合预期。

1）printf 法

通过在程序中添加 printf 语句，输出相关变量的值以便在程序运行时观察变量值。如果输出的变量值正确，则在后面的代码中继续添加 printf 语句；如果输出的变量值错误，则在前面的代码中添加 printf 语句；如此反复操作，逐步缩小排错范围直至最终定位在某条语句上。

2）调试工具法

根据 IDE 提供的调试工具，一般有设置断点、观察变量和单步跟踪等几个步骤。用户可以在程序的任何一个语句上做断点标记，将来程序调试运行到这里时会停下来。程序暂停后，观察相关变量的值是否符合预期：如果符合预期，则单步运行继续观察；如果不符合预期，则在前面语句添加断点，重新开始调试运行，逐步缩小排错范围直至最终定位在某条语句上。

2．调试举例

下面以 CodeBlocks 20.03、GCC12.2 与 GDB 12.1 为例简要解释一下上述两种调试方法，在其他平台与环境上的调试方法与之类似，读者可自行探索。我们采用对整型数组求和的简单示例来演示如何排查出其中出现的逻辑错误。

```
01 #include <stdio.h>
02 #include <stdlib.h>
03
04 int sum_int(int array[], int n)
05 {
```

```
06      int i = 0, sum = 0;
07      while (i <= n)
08      {
09          sum += array[i];
10          ++i;
11      }
12      return sum;
13  }
14
15  int main()
16  {
17      int array[] = { 1, 2, 3, 4 };
18      int n = sizeof(array) / sizeof(array[0]);
19      int sum = sum_int(array, n);
20      printf("Sum of integers: %d\n", sum);
21      return 0;
22  }
```

在上述代码中，首先定义了一个 sum_int()函数，用于计算整型数组中的元素之和；然后在 main()主函数中对其进行调用，传入一个事先定义好的整型数组 array 与数组元素个数 n 作为参数，并将函数的返回值赋给 sum 变量；最后输出求和的结果。数组 array 的元素分别为 1、2、3、4，因此我们期待的求和结果应该是 10；然而程序运行的结果却是一个奇怪的数 2012418058（在不同的平台上可能会出现不同的值）。显然程序的某处出现了问题，接下来分别采用上述两种方法定位程序的问题所在。

1）printf 法

按照一般的思路，我们可以按语句的执行顺序逐行对代码进行分析。首先是第 17 行、第 18 行的数组与变量定义及初始化，可以试着在第 18 行后面添加语句输出变量 n 的值，代码如下：

```
15  int main()
16  {
17      int array[] = { 1, 2, 3, 4 };
18      int n = sizeof(array) / sizeof(array[0]);
19      printf("%d\n", n);                        /* 输出 n 的值*/
20      int sum = sum_int(array, n);
21      printf("Sum of integers: %d\n", sum);
22      return 0;
23  }
```

构建并运行程序，可以看到输出结果为 4，符合我们的预期。这样一来，问题就出在第 20 行函数调用上。观察 sum_int()的函数体，其主体部分为 while 循环，因此我们可以在每次循环时输出一些中间状态，代码如下：

```
04  int sum_int(int array[], int n)
```

```
05 {
06     int i = 0, sum = 0;
07     while (i <= n)
08     {
09         sum += array[i];
10         printf("sum = %d, i = %d\n", sum, i); /* 输出 sum 与 i 的值*/
11         ++i;
12     }
13     return sum;
14 }
```

再次构建并运行程序，可以看到输出结果为（已去除不必要的输出结果）：

```
sum = 1, i = 0
sum = 3, i = 1
sum = 6, i = 2
sum = 10, i = 3
sum = 924454922, i = 4
```

我们发现该结果包含了 5 行信息，即循环执行了 5 次，而输入的数组元素个数为 4；实际上，在输出的第 4 行，程序已经输出了 sum 的正确结果 10。因此根据经验我们可以断定是执行循环的判断条件出了问题，应该进行如下修改：

```
07     while (i < n) /* 修改循环条件，将 <= 改为 <*/
08     {
09         sum += array[i];
10         printf("sum = %d, i = %d\n", sum, i); /* 输出 sum 与 i 的值*/
11         ++i;
12     }
```

再次构建并运行程序，可以看到输出结果已经符合我们的预期。

2）调试工具法

上述方法无须额外工具，只需编译器即可；然而在每次查看变量值时均需要额外添加语句并重新构建，会显得麻烦。除此之外，我们也可以采用一些 IDE 自带的调试工具来辅助查看程序的中间状态。

在开始调试前需要确保打开调试选项-g，以获得各种调试信息。在 CodeBlocks 的菜单中依次选择 project→build options 命令，打开 Project build options 对话框，先选择该对话框左侧列表框中的 Debug 选项，再选择 Compiler Flags 选项卡，勾选 Produce debugging symbols [-g]复选框，单击 OK 按钮保存设置，如图 C-1 所示。

接下来进行调试。为了查看变量 n 的值，可在其被初始化后设置断点。在程序某行处设置断点可在调试时令程序暂停在断点所在行，以便于观察当时的各种状态。设置断点的方法非常简单，只需在目标行左侧行号附近单击即可。图 C-2 展示了在第 19 行加入一个断点的状态。

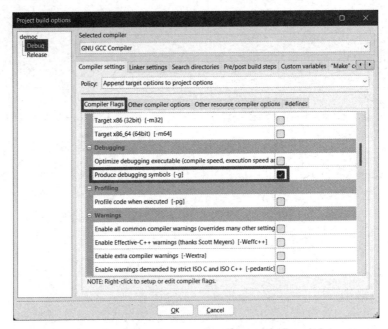

图 C-1　Project build options 对话框

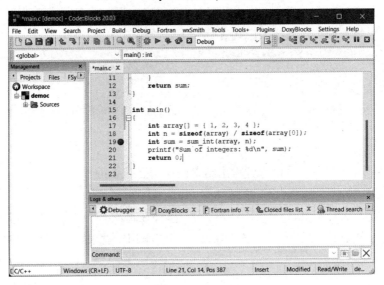

图 C-2　加入断点

此时，依次选择菜单中的 Debug→Start/Continue 命令（或按 F8 键）即可开始调试。不出所料，程序暂停在第 19 行（在断点内有一个小三角标记该行），同时会出现 Watches 对话框（如果未出现该对话框，可依次选择菜单中的 Debug→Debugging windows→Watches 命令），该对话框列出了目前的一些局部变量及其值。我们可以很清楚地看到 n 的值为 4，如图 C-3 所示。

实际上，在 Debug 菜单下有一系列调试命令（右侧有相应的快捷键，同时在菜单栏下的工具栏中也有相应的按钮，3 种方式效果相同，任选其一即可），如图 C-4 所示，现将常用的命令解释如下。

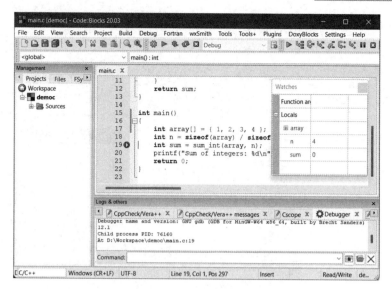

图 C-3 程序调试

（1）Start/Continue：除开始调试外，再次选择该命令可继续运行程序，直至遇到下一处断点（如果有）或程序结束运行。

（2）Stop debugger：中途停止调试并退出程序。

（3）Next line：跳到下一行代码并暂停，该命令在逐行调试时非常有用。

（4）Step into：如果当前行中有函数调用，则进入该函数内部并暂停。

（5）Step out：从当前块跳出并暂停。

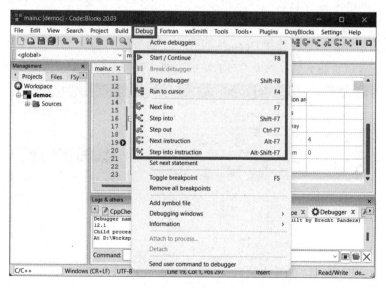

图 C-4 调试命令

由于此时我们已经暂停在第 19 行，该行中有对 sum_int()函数的调用，因此选择 Debug →Step into 命令进入该函数内部，如图 C-5 所示。

此时，程序暂停在第 6 行，并在行号附近用三角符号标记。我们可以继续观察 Watches 对话框，其中列出了函数参数 array 与 n 的信息、局部变量 sum 与 i 的信息，由于尚未执行函数体中的任何语句，因此目前只有函数参数信息是有效的。我们可以看到 n 已经被正确赋值为 4。

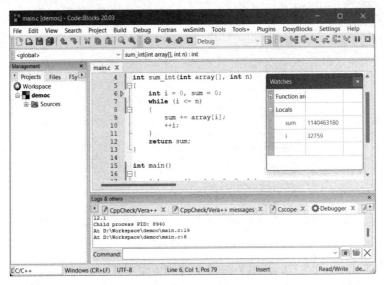

图 C-5　sum_int()函数内部

为观察各种变量在程序运行过程中的值，我们有两种方法：单步调试或断点调试。前者较为简单，选择 Debug→Next line 命令进行逐行运行，并观察变量的值是否符合预期，但该方法进度较慢，一般适用于已至错误区域附近的微调；后者需在适当位置加设断点，并选择 Debug→Start/Continue 命令直接运行至断点所在行，该方法较快，但需要对程序逻辑有深刻的理解。

下面首先演示单步调试。选择 Debug→Next line 命令后，程序将暂停在第 7 行，此时局部变量 sum 与 i 均已被正确初始化为 0（为了显示方便，可将函数参数值折叠），如图 C-6 所示。

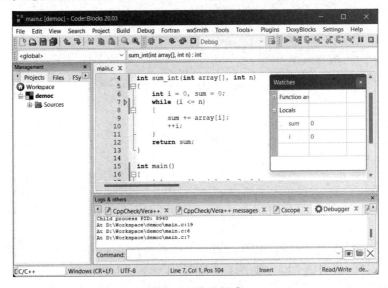

图 C-6　单步调试

如果继续用单步调试查看变量信息，则进度较慢，因此下面演示断点调试。如图 C-7 所示，在第 10 行加入断点，并选择 Debug→Start/Continue 命令，程序暂停在该行。此时，我们可以观察到 sum 的值有更新（刚才更新过的变量及其值会被高亮显示）。

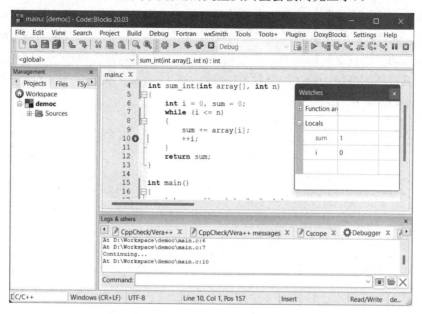

图 C-7　断点调试

由于该断点被设置在循环内，因此多次执行 Start/Continue 命令将使程序多次暂停在该行，直至不符合循环条件而跳出循环。经过若干次该操作（省略中间截图，可观察 sum 与 i 值的变化，应与 printf 法输出的值一致），最后当 i 为 4 时，程序将最后一次暂停在第 10 行。此时我们发现 sum 的值已经出现了异常，如图 C-8 所示。

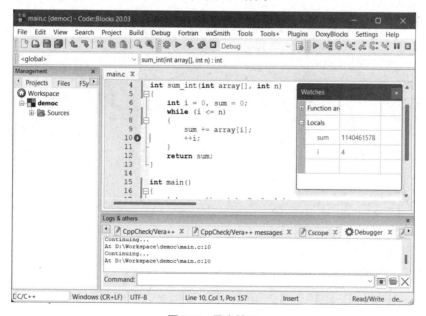

图 C-8　异常情况

由经验判断可知，上述程序出现了 array 数组的越界访问。在找到问题所在后，即可停止并退出调试（选择 Debug→Stop debugger 命令）、修改代码并重新构建。至此，一次简单的调试过程结束。

综上所述，正如医生需要熟练掌握病情诊断技巧一样，掌握调试技巧是一个程序员必备的基本技能。此外，本节介绍的调试方法与技巧并不局限于 C 语言，理论上该方法适用于任何命令式编程语言，只要有相应的调试工具支持即可。最后，限于篇幅，我们尚未介绍一些适用于更复杂程序的高级功能，如设置条件断点、观察全局变量、查看程序调用栈等，读者可在今后的学习实践中自行摸索。